MARIE HEGER

think — free

Pferdegerechte Kommunikation

So gelingt die Verständigung zwischen Mensch & Pferd

MIT KOSMOS MEHR ENTDECKEN

Übungen für eine klare Körpersprache

SEIT 1822

KOSMOS

Inhalt

ZU BEGINN

»Die Grenzen meiner Sprache bedeuten die Grenzen meiner Welt.«

Ludwig Wittgenstein,
österreichisch-britischer Philosoph, 1889–1951

Auf einer meiner Reisen durch Portugal stellte eine mir nachhaltig im Herzen gebliebene Frau folgende Frage:
Kannst du mir ein Wort nennen, das ausdrückt, für was die Pferde in deinem Leben stehen?
Sicherlich fragen Sie sich nun gleich, welches Wort Sie selbst gewählt hätten. Nehmen Sie sich, bevor Sie weiterlesen, einen Moment und machen Sie sich auf die Suche nach „Ihrem" Wort.
Ich kann mich nicht mehr daran erinnern, aus welchem Zusammenhang heraus sie mich zu dieser Überlegung angeregt hat, aber ich erinnere mich gut, was die Frage in mir ausgelöst hat. *Mein Wort* kam mir augenblicklich in den Sinn, ohne dass ich nachdenken musste. Erst im Nachhinein erkannte ich, dass dieses Wort für mehr steht, als ausschließlich für die Bedeutung der Pferde in meinem Leben. In meinem Wort drückte sich meine größte Sehnsucht nach etwas aus, das ich hoffte, bei den Pferden zu finden.
Ich gehe davon aus, dass wir alle unsere unbewussten und auch bewussten Gründe dafür haben, Zeit in der Gesellschaft von Pferden verbringen zu wollen und so in eine Beziehung zu ihnen zu treten. Wir haben damit in jedem Fall einen Mehrwert. Doch was bedeutet dieser Mehrwert, den wir aus einer Beziehung zu den Pferden generieren, für sie? Wissen wir auch, wie es den Pferden mit uns geht? Verstehen wir sie gut genug und wissen wir genug über sie, um ihnen – trotz einem Leben in der Gefangenschaft und in der Abhängigkeit von unserem Handeln – gerecht zu werden? Schließt unser Wunsch nach dem Gefühl der Verbundenheit ihre Freiheit aus, nimmt unser Wunsch nach Nähe ihnen ihre Autonomie?
Wollen wir diese Fragen beantworten, müssen wir uns mit der Basis für die Gestaltung unserer Beziehung zu den Pferden auseinandersetzen. Sie ist bei allen Säugetieren von dem gemeinsamen Grundbedürfnis nach Kommunikation geprägt, das ihnen wie uns das Überleben sichert.
Der Wunsch zu kommunizieren hört also nicht in der Mensch-zu-Mensch-Beziehung auf, sondern geht weit darüber hinaus. Wir können uns zu jedem Lebewesen in Beziehung setzen.
Im zwischenmenschlichen Bereich bewältigen wir unseren Alltag nur, indem wir grundsätzlich darauf vertrauen, dass die Anderen uns verstehen – und wir sie. Wir sind darauf angewiesen, uns mitteilen zu können. Unsere Bedürfnisse, Wünsche und Gefühle liefen sonst ins Leere, riefen weder Widerspruch noch Bestätigung hervor. Nicht verstanden zu werden und kein Verständnis zu erfahren, macht uns unsicher, dann krank. Den Tieren geht es nicht anders.

Der Wunsch zu kommunizieren hört nicht in der Mensch-zu-Mensch-Beziehung auf, sondern geht weit darüber hinaus.

Nähe und Freiheit – ich erlebe beide als unverzichtbar – in der Beziehung zu Menschen und in der Begegnung mit den Pferden.

Wie lassen sich ihr und unser Grundbedürfnis nach Kommunikation also stillen, sodass gleichzeitig ein ausreichender Grad an Freiheit erlebt werden kann und unser Wunsch nach Verbundenheit gestillt wird? Wie muss eine gemeinsame Kommunikation gestaltet sein, in der die Pferde nicht den Kürzeren ziehen?

Für sie bedeutet eine gelungene Kommunikation Vorhersehbarkeit und damit Sicherheit. Für uns bedeutet Verstehen und Verstanden werden immer auch so etwas wie Heimat. Und die ist nicht nur im gesprochenen Wort zuhause, sondern zuallererst in der Sprache unseres Körpers, also in unserer Körpersprache. Diese Ausdrucksform ist immer präsent, sie spricht mit unserem Gegenüber intuitiv, sie spricht selbst dann, wenn wir allein sind. Sie klärt uns auf, wenn wir dem gesprochenen Wort misstrauen. Sie spricht auch dann weiter, wenn niemand mehr etwas zu sagen hat. Sie erzählt uns etwas über unseren Charakter, darüber, was wir erlebt haben oder aus welcher Kultur wir stammen. Sie zeigt uns, wen wir lieben und wer uns liebt, und sie kann uns davor schützen, verletzt zu werden. Sie kann wortlos Distanz einfordern, genauso wie sie Nähe zulassen, geben und auch zu ihr einladen kann.

Unsere Körpersprache ist wohl die wichtigste aller Sprachen, die uns verbindet, auch mit denen, die unser gesprochenes Wort nicht verstehen können.

Schenken wir ihr unsere Aufmerksamkeit, werden wir lernen, unsere Mitmenschen und unsere Tiere besser zu verstehen und uns ihnen mitzuteilen. Darin besteht die Kunst.

Meine Zeit im Schauspielstudium und später am Theater war für mich der Beginn der Reise, mich mit all den Facetten der Kommunikation auseinanderzusetzen. Das wird nur zu gut deutlich, wenn man sich anschaut, worum es in der Schauspielkunst u. a. geht: die bewusste Wahrnehmung von Raum und Körper, die Durchlässigkeit des eigenen Körpers – physisch wie psychisch, Wachheit und Offenheit in neuen und für neue Situationen. Letztlich geht es also um das Leben, in dem man sich selbst und andere erlebt.

Die immer differenziertere Wahrnehmung der eigenen Körpersprache und die der Angesprochenen als wichtiger Teil unserer Kommunikation, ist so Basis für alle unterschiedlichen Aspekte meiner Arbeit mit den Menschen und den Tieren geworden.

Wo Körper „sprechen“, entstehen immer auch Missverständnisse in der Wahrnehmung und der Ver„wert“ung von Informationen wie auch beim gesprochenen Wort. Das scheint unser Schicksal, die gesprochene wie auch die Körpersprache begreifen wir nicht im-

Wir tragen die Verantwortung die Bedürfnisse der Pferde zu erkennen und verstehen zu lernen.

mer voll und ganz. Dennoch ist es möglich, aus Missverständnissen zu lernen und die Erkenntnisse aus dem Verstandenen im Sinne einer gelingenden Kommunikation zu nutzen. Nicht nur für unsere zwischenmenschlichen Beziehungen ist das wichtig. Wir können diese Erkenntnisse mitnehmen in die Begegnung mit unseren Pferden.

Schon immer haben Menschen auch mit Tieren kommuniziert. Offensichtlich können wir eine Beziehung mit sozial lebenden Tieren eingehen, die der von Menschen bzw. Tieren untereinander in Teilen entspricht. Unsere sozialen Grundbedürfnisse und Ähnlichkeiten in der Körpersprache bilden dabei die Voraussetzung für eine Kommunikation jenseits des gesprochenen Wortes. Kommunikation mit den Tieren ohne Worte will aber von uns Menschen gelernt sein – auch die Deutung der „wortlosen" Sprache unserer Pferde.

Die Reise auf dem Weg hin zu einem besseren Verständnis zwischen Mensch und Pferd ist mir deshalb eine Herzensangelegenheit. Erfahrungen, die ich in der Arbeit an mir selbst gewonnen habe, Kenntnisse über zwischenmenschliche Kommunikation und Erkenntnisse aus der innerartlichen Kommunikation zwischen Pferd und Pferd lenken mich dabei.

Wir werden die Sprache eines Pferdes wohl nie ganz erschließen können. Auch werden wir nicht alle Missverständnisse, die durch die Komplexität der Mensch-Pferd-Kommunikation entstehen, vermeiden können. Aber wir können lernen. Wir können lernen, bewusst und achtsam mit unserem eigenen Körper umzugehen, um uns dann unserem Gegenüber, dem Pferd, „vor"-stellen zu können.

Denn wir sind es, von denen die Initiative zur Kommunikation ausgeht, wir sind es, die den Pferden nahekommen wollen, wir haben das Bedürfnis nach einer Beziehung zu ihnen. Deshalb sind auch wir es, die die Verantwortung dafür tragen, die in ihrer Art liegenden Bedürfnisse zu erkennen, zu verstehen und zu respektieren. Und wir sind es, die die Verantwortung dafür tragen, Möglichkeiten zu kennen und auszuschöpfen, die zu ihrer psychischen wie physischen Gesunderhaltung beitragen.

„Echte" Beziehungen entstehen, indem wir demütig werden. Demütig in der Begegnung mit uns selbst, von Mensch und Mensch, Mensch und Natur, und Mensch und Tier.
Demut wünsche ich mir als innere Haltung in der Begegnung mit dem Pferd.

Zeitlebens sucht jeder Mensch nach Beziehungen, die es ihm ermöglichen, sich gleichzeitig als verbunden und frei zu erleben.[1]

Durch meinen intensiven Wunsch nach Freiheit und durch meine Empathie für sie, kann ich mich dem Bedürfnis der Pferde nach Freiheit nicht verschließen. Ein Aspekt unseres gemeinsamen Freiheitsbedürfnisses ist Verstehen und Verstanden werden.

In der Begegnung mit dem Pferd ohne Equipment sehe ich die Möglichkeit, das größte Feedback in der Interaktion zu erhalten und das Pferd in seiner Körpersprache ungehindert wahrnehmen und uneingeschränkt „antworten" und „sprechen" zu lassen.

In dieser Zeit, an diesem Ort, an dem wir Pferde nicht mehr als Nutztiere benötigen, sehe ich es als meine Verantwortung, jegliche Art von Training ausschließlich dem Pferd und seiner physischen und psychischen Gesundheit zu widmen.

---

[1] Hüther, Gerald (2020): Was wir sind und was wir sein können. Ein neurobiologischer Mutmacher. Frankfurt am Main: Fischer. 3. Auflage. S. 45.

KÖRPER UND SPRACHE

— *Gedankenspiel*

GRUNDBEDÜRFNIS NACH KOMMUNIKATION

»Der Körper ist der Übersetzer der Seele ins Sichtbare.«

Christian Morgenstern, deutscher Dichter und Schriftsteller, 1871–1914

Wie macht der Hund, wie macht der Hahn, wie macht das Pferd …? Diese und ähnliche Fragen stellen wir Kindern, die gerade ihre ersten Worte lernen. Die Antwort liegt auf der Hand, da wir ausschließlich die Wiedergabe eines Lautes erwarten. Wäre das die einzige Ausdrucksmöglichkeit eines Tieres, wäre dieses Buch ein Pixibuch mit hübschen Illustrationen und es hätte 12 Seiten. Es ist aber komplizierter. Mit der Beantwortung der Frage „Wie macht der Mensch?“ kämen wir so einfach auch nicht davon.

Was Mensch und Tier eint, ist die Fähigkeit zu kommunizieren. Das heißt, wir tauschen bewusst und auch unbewusst Informationen und Gefühle aus. Wie komplex dieser Austausch ist, wird wohl kein Kommunikationsmodell dieser Welt erfassen können, besonders nicht, wenn es darum geht, was wir und die Tiere fühlen und was uns verbindet. Wie wir und andere Lebewesen kommunizieren, ist noch längst nicht in allen Aspekten wissenschaftlich erforscht und immer wieder werden wir mit neuen, erstaunlichen Erkenntnissen aus neurowissenschaftlicher und verhaltensbiologischer Forschung überrascht.

Hätten wir im Laufe unseres Lebens ausschließlich mit den Tieren kommunizieren müssen, wie Mogli im Dschungelbuch es tat, hätten wir sicherlich differenziertere Fähigkeiten in der Kontaktaufnahme mit Tieren ausgebildet.

Wenn ich an meine ersten in Erinnerung gebliebenen Erfahrungen im Zusammensein mit Tieren denke, wurde mir früh bewusst, dass jedes Tier evolutionär bedingt unterschiedlich entwickelt ist und unterschiedliche kognitive Fähigkeiten besitzen muss und somit auch jedes in seiner ganz eigenen Sprache spricht. Die Hühner brauchten andere Informationen von mir, um durch einen Reifen zu hüpfen, als die Kaninchen. Ich musste so auch schmerzlich erfahren, dass Hühner nicht schwimmen können, und nahm wahr, dass manche Tiere von sich aus neugieriger auf mich reagierten als andere. Doch noch deutlicher sah ich, was wir gemeinsam haben und was uns verbindet, nämlich die Fähigkeit zu fühlen. Uns verbindet, dass wir grundlegende Bedürfnisse haben und dass es uns schlecht geht, wenn diese nicht erfüllt sind.

Und so ging die Reise los auf der Suche nach den Besonderheiten der verschiedenen tierischen Fähigkeiten und Gefühlswelten, aber vor allem nach den Gemeinsamkeiten unserer Sprachen und unserer Art, uns auszudrücken. Dazu musste ich auch meine eigenen verbalen wie körpersprachlichen und emotionalen Ausdrucksmöglichkeiten besser verstehen lernen. Und ich wollte meine

Durch nonverbale Elemente wie beispielsweise Gestik, Mimik, Blick, Körperhaltung und auch durch unsere Stimmlage, das Sprechtempo oder die Lautstärke, vermitteln wir gleichzeitig unsere Einstellung zum gesprochenen Wort.

Zuneigung zu den Tieren begreifen. Warum habe ich mich als Kind und auch heute noch manchmal im Zusammensein mit den Tieren wohler gefühlt als mit den Menschen? Warum fiel es mir so leicht, mich den Tieren verständlich zu machen, den Menschen aber oft nicht? Ich wollte nicht glauben, dass das, was ich in der Gegenwart von Tieren fühle, einseitig ist, nur weil sie nicht hörbar sagen, dass sie auch meine Anwesenheit genießen und zu schätzen wissen.
Heute weiß ich, dass ich mit meinen kindlichen Empfindungen und Vermutungen auf der Suche nach unseren Gemeinsamkeiten, besonders in dem, wie wir fühlen und wie wir miteinander kommunizieren, gar nicht so falsch lag.

DER MENSCH

Wir Menschen haben ein tief verwurzeltes Bedürfnis nach sozialen Kontakten und danach, uns sozial zu organisieren. Wir leben in Familien, in Wohngemeinschaften, in Dörfern und Städten, wir gehen Freundschaften ein, organisieren uns in Gruppen und bauen real und virtuell Netzwerke auf. Betrachten wir diese Tatsache evolutionär, gibt es für die Entwicklung dieser komplexen sozialen Systeme zwei wichtige, den Fortbestand der Art erhaltende Gründe.
In einem sozial organisierten Verband lebende Tiere und auch der Mensch, waren durch kooperatives Verhalten in der Gruppe besonders gut in der Lage, sich den Bedro-

hungen und Widrigkeiten ihrer Umwelt zu stellen. Soziale Kontakte und die Zugehörigkeit zu einer Gruppe bedeuteten Schutz durch die Gruppe, aber auch Trost in der Gruppe [2].
Um Situationen besser zu verstehen, aus ihnen zu lernen und damit vorhersagbarer und kontrollierbarer zu machen, bot die Gruppe zudem den Vergleich mit dem Verhalten und der Sichtweise anderer Gruppenmitglieder in unbekannten Situationen und bei akuten Bedrohungen. In diesem komplexen Zusammenspiel gegenseitiger Abhängigkeiten hat sich unsere Sprache entwickelt.

Wie grundlegend unser Bedürfnis nach Austausch von Informationen in uns verankert ist, wird deutlich, wenn wir Menschen die Möglichkeit zur Kommunikation vorenthalten. Ethisch zu verurteilende Versuche in der Vergangenheit und auch das Schicksal vieler Kindern in Waisenhäusern haben gezeigt, dass eine Isolation verheerende Auswirkungen auf die psychische wie körperliche Entwicklung und das Sozialverhalten hat. Und vor einiger Zeit hat uns die unumgängliche gebotene soziale Isolation zu Beginn der Corona Pandemie vor Augen geführt, wie sehr wir das Zusammensein vermissen können.

[2] Vgl. Häusser, Jan in: Konsequenzen sozialer Isolation — FB06 - Psychologie und Sportwissenschaft (uni-giessen.de).

Feria in Jimena, Andalusien

EINE REISE AN DAS SÜDLICHE ENDE EUROPAS

Ich bin so dankbar für die Erfahrung, die ich auf einem Hof am untersten Zipfel Andalusiens machen durfte. Mein Fernweh hatte mich ans Ende von Europa verschlagen in die Nähe von Gibraltar. Völlig unvorbereitet fand ich mich dort auf einem Pferd sitzend mitten in meiner ersten Feria wieder, einem Pferdefest, zu dem das ganze Dorf zusammengekommen war. Leider sollte das vorerst mein letztes Fest gewesen sein, an dem ich die Nähe von Menschen in einer Gruppe als etwas Positives empfunden habe. Ich machte mir dabei keine Gedanken darüber, die herzlichen Gesten zu meinem unerwarteten Erfolg in der Prüfung „Doma de Campo" anzunehmen. Ich fühlte mich geschmeichelt und überwältigt, mich in die engen Reihen der Reitenden einreihen zu dürfen und aufgenommen zu werden. Ich freute mich über jede Umarmung, über Küsse und ein Schulterklopfen. Wir feierten unbeschwert das Leben in all der Nähe zueinander, die es so wertvoll macht, besonders dann, wenn man nicht dieselbe Sprache spricht. Das, was uns vereinte, waren die gemeinsame Freude an den Pferden und unsere Körpersprache, mit der es uns unmissverständlich möglich war, den anderen fühlen zu lassen, dass er willkommen und geliebt ist. Auch wenn die Körpersprache in den unterschiedlichen Ländern und Kulturen etwas variiert, war es dennoch möglich, uns mit Händen und Füßen, Gestik und Mimik zu verständigen.

Concurso de Doma de Campo, März 2020

„NOT" MACHT ERFINDERISCH

Nur im Austausch mit unseren Mitmenschen haben wir die Chance, mit der uns fremden und als bedrohlich erlebten Situation wie in der Pandemie umgehen zu lernen und psychisch stabil zu bleiben. So haben uns die eingeschränkten Möglichkeiten zur Kommunikation nach neuen Wegen für einen Austausch suchen lassen, z. B. über digitale Medien.
Und auch, wenn uns ein bestimmter Weg uns auszudrücken verloren geht, werden wir kreativ. Können wir nicht sprechen, nicht hören, sehen, unseren Körper nicht bewegen, finden wir alternative Wege der Kommunikation. Das sogar in großer Perfektion, vorausgesetzt wir finden ein Gegenüber, das unsere Sprache spricht. Das geschieht durch Augenzwinkern zur Ja-Nein-Verständigung bei einem Locked-in-Syndrom, durch die Gebärdensprache bei Gehörlosigkeit, aber auch über ein Vokabular aus Gesten für Taucher oder zur Verständigung im Cockpit eines Flugzeugs, um nur einige Beispiele zu nennen.

DIE EMOTIONALE HALTUNG SCHWINGT MIT

Wir tauschen also Informationen auf der Ebene von Wörtern und Zeichen für Wörter aus. Dabei steht das, was wir sprachlich äußern, selten nur einfach für sich. Uns stehen andere Mittel zur Verfügung, um ergänzend oder zusätzlich zur sprachlichen Äußerung Informationen zu übermitteln. Durch nonverbale Elemente wie beispielsweise Gestik, Mimik, Blick, Körperhaltung und auch durch unsere Stimmlage, das Sprechtempo oder die Lautstärke, vermitteln wir gleichzeitig unsere Einstellung zum gesprochenen Wort. Diese wiederum ist nach Watzlawick[3] abhängig von der Beziehung zwischen den Kommunizierenden. In einem gesprochenen Wort können also viele zusätzliche Informationen und die emotionale Haltung mitschwingen, die nicht ausgesprochen werden. Die Bedeutung dessen, was wir sagen, und die tatsächliche Bedeutung der Äußerung können dabei weit auseinanderklaffen, denken wir nur an sprachliche Mittel wie Ironie, oder die Anwendung von Metaphern.

DER KÖRPER VERSTELLT SICH NICHT

Auch in der Kunst bedienen wir uns dieser abstrakten Ebenen. Sie ist eine weitere und besondere Art des Menschen, sich mit den eigenen Emotionen und der Realität auseinanderzusetzen. Wir können uns in unserer Fantasie verlieren und beispielsweise einem Gegenstand eine andere Bedeutung geben. Wir verleihen unseren Gefühlen Ausdruck in einer Melodie, im Gesang, in Bildern und in Texten. Durch die Jahrtausende haben wir also gelernt, uns an die sich verändernden Situationen anzupassen und unser Kommunikationssystem weiterzuentwickeln. Unsere Gesellschaft hat sich dabei auf das gesprochene Wort geeinigt. Auch wenn wir bewiesenermaßen der Körpersprache und den durch sie transportierten Emotionen mehr Gewicht schenken, wenn es um die Wahrheit geht. Vor Gericht zählt nur ein ausgesprochenes Ja oder Nein, auch wenn die Körperhaltung deutlich etwas anderes sagt.

„Unsere Körpersprache ist deutlicher als die der Wörter. (...) Unser Körper kann sich nicht so verstellen, wie das unsere Wörter tun. Der Körper ist primär – nicht das Wort."[4]

Fällt es den Menschen deshalb so schwer, den Tieren die nötigen ihnen zustehenden Rechte zu geben, um in Würde leben zu können, weil sie ihre Stimme nicht erheben können?

---

[3] Vgl. Watzlawick, P./ Bevin, J. H./ Jackson, D. D. (1969): Menschliche Kommunikation. Formen, Störungen, Paradoxien. Göttingen: Hogrefe. 13. unveränderte Auflage 2017. S. 70 ff.

[4] Molcho, Samy (1983): Körpersprache. München: Goldmann. 8. Auflage 2013. S. 11.

DAS PFERD

Pferde leben ebenso wie wir in Sozialstrukturen. Viele Aspekte ihres Informationsaustauschs in der Herde finden „laut“los, also nonverbal statt. Sie kommunizieren dabei vor allem über ihr Ausdrucksverhalten, das sich in Mimik, Gestik, Körperspannung, Haltung und Bewegung zeigt. Ein Großteil dieser Kommunikation findet durch Stimmungsübertragung statt, der Synchronisation von Stimmung und Verhalten. Hörbare Ausdrucksformen, wie das Wiehern oder Trompeten, bekommen eine Wichtigkeit, besonders bei der Kommunikation auf Distanz. Auch ein Repertoire an leisen Tönen gibt es, wie beispielsweise das Brummeln in der Interaktion zwischen Stute und Fohlen. Pferde sind kongruent in ihrer Art zu kommunizieren. Ihre Körpersprache ist direkt verbunden mit ihren Emotionen und kann deswegen nicht in sich konträr laufen und sich widersprechen. Hierin unterscheiden sie sich von unseren Möglichkeiten der Kommunikation.
Schauen wir uns die Sozialstruktur in einer Herde genauer an, können wir auf ein natürliches Kommunikationsbedürfnis schließen. Es resultiert aus der Notwendigkeit des Austauschs von Informationen für einen funktionierenden Herdenzusammenhalt. Dieser setzt eine Harmonie in der Gruppe voraus, die zur Bewältigung von Konfliktsituationen untereinander entscheidend ist und das Überleben sichert.
Wir können ihr Kommunikationsbedürfnis z. B. beobachten ...

— im emotionalen Zusammenhalt, der z. B. deutlich sichtbar wird, wenn eine Stute und andere Herdenmitglieder eine intensive Bindung zu einem neugeborenen Fohlen eingehen.
— bei der Fellpflege (Grooming), um soziale Bindungen zu festigen und Freundschaften zu pflegen.
— im gemeinsamen Explorationsverhalten, um neue Futter- oder Wasserstellen ausfindig zu machen.
— wenn sie Privilegien nutzen, die sie durch die Freundschaft mit einem ranghöheren Freund erhalten.
— beim gemeinsamen Dösen und Wachen.
— bei der gemeinsamen Abwehr von Fressfeinden.
— in ihrem natürlichen Bestreben, den Fortbestand durch ihr Sexualverhalten zu sichern.

Das ist nur ein Teil der vielen Aspekte, die zeigen, welche Bedeutung das natürliche Kommunikationsbedürfnis für eine sichere soziale Struktur mit Artgenossen hat.

Mit jedem dieser Aspekte, in dem die natürlichen Kommunikationsbedürfnisse eine Rolle spielen, den wir unseren Pferden vorenthalten, rütteln wir am System. Versuchen wir nicht, dieses natürliche Streben nach Kommunikation und Bindung zu ersetzen. Es wird uns nicht gelingen. Auch die größte Verbundenheit eines Pferdes zu einem Menschen kann Defizite in den Haltungsbedingungen nicht kompensieren und die sozialen Interaktionen mit Artgenossen ersetzen, auch wenn wir uns die größte Mühe geben.

Ich muss den Tieren um mich herum keine Stimme geben. Sie haben bereits eine. Wir können sie deutlich hören und auch sehen, wenn wir uns auf ihre Sprache einlassen. Das gelingt nur, wenn wir auch lernen möchten, sie zu verstehen. Wenn ich ein Tier sehe, frage ich mich immer, wie es kommuniziert und wie die Welt wohl für es aussieht. Dieser Perspektivwechsel ist es, den ich liebe. Er gibt mir die Chance, die Welt aus den unterschiedlichsten Blickwinkeln zu betrachten. Ich glaube, hätten wir Menschen uns auf eine nonverbale Sprache in der zwischenmenschlichen Kommunikation geeinigt, würden wir die Tiere mehr „zu Wort" kommen lassen. Vielleicht ist das aber auch nur eine naive Sicht der Dinge, die Wahrung der Menschenrechte gelingt uns ja auch nur in Teilen.

Meine Mustangstute (rechts mit Fohlen) inmitten ihrer Herde – USA 2016

KÖRPER IM DIALOG

»Das echte Gespräch bedeutet: aus dem Ich heraustreten und an die Tür des Du klopfen.«

Albert Camus,
franz. Schriftsteller, Philosoph und Religionskritiker, 1913–1960

Wie wir nun wissen, teilen Mensch wie Pferd das tief verwurzelte Bedürfnis, sich sozial zu organisieren. Daraus resultiert die Notwendigkeit des Austauschs von Informationen. Die Körpersprache spielt dabei immer eine Rolle, bei Pferd und bei Mensch. Um mit dem Pferd in einen Dialog zu treten, bedeutet dies für uns, dass wir lernen müssen, welche unserer Ausdrucksmöglichkeiten das Pferd versteht. Wir können dabei davon ausgehen, dass es im Dialog mit uns alle Fähigkeiten seiner Wahrnehmung, die es in der Kommunikation mit Artgenossen nutzt, auch bei der Wahrnehmung unseres Körpers einsetzt. Es interpretiert jedoch das, was wir mit unseren Körpern erzählen, im Rahmen seiner artspezifischen Möglichkeiten. Damit die Pferde uns verstehen, müssen wir unsere Sprache nicht dahingehend verändern, dass wir „zum Pferd werden", geschweige denn zum Raubtier. Eher müssen wir unser Bewusstsein für unsere Körpersprache dafür schärfen, welche unserer Ausdrucksmöglichkeiten sich überschneiden und welche wir besser weglassen sollten, um uns lesbarer zu machen. Das gelingt umso besser, je geschulter unser Bewusstsein für inkongruentes Verhalten ist und je authentischer wir auftreten. Das heißt, neben dem Weglassen der Komponenten, die das Pferd in unserer Sprache nicht verstehen kann, muss unser Verhalten in sich stimmig sein, damit es als gut verständliche, eindeutige Botschaft beim Pferd ankommen kann.

Ins „Gespräch" kommen: einander zusehen, hinhören und hinfühlen

Ich lade Sie ein, sich mit mir auf den folgenden Seiten in ein **Gedankenspiel** zu begeben:

Wir müssen unser Bewusstsein für unsere Körpersprache dafür schärfen, welche unserer Ausdrucksmöglichkeiten sich überschneiden und welche wir besser weglassen sollten.

GEDANKENSPIEL

Sie treten einem Pferd gegenüber. Sie werden von keinen weiteren äußeren Faktoren abgelenkt. Da sind ausschließlich Sie und das Pferd.

- Stellen Sie sich nun die Frage, welche Möglichkeiten Sie haben, sich diesem Pferd mitzuteilen. Was sind die Gemeinsamkeiten Ihrer Sprachen? Welche Informationen senden Sie bewusst, welche vielleicht unbewusst?
- Sind Sie eine Reihe von Möglichkeiten für sich durchgegangen, überprüfen Sie im zweiten Schritt Ihr Wissen über die Möglichkeiten, die das Pferd hat, sich mitzuteilen?
- Sprechen wir wirklich zwei verschiedene Sprachen?
- Um nun herauszufinden, über welche Möglichkeiten der Kommunikation Ihre beiden Körper verfügen, und sie auch so verstehen zu können, wie der andere sie gemeint hat, überprüfen Sie ihr Wissen zur Wahrnehmung des Pferdes und das Wissen um Ihre eigene menschliche Sinneswahrnehmung.
- Welche Aspekte Ihrer Sprache kann das Pferd mit seinen artspezifischen Fähigkeiten und seiner Welt der Sinne verstehen?

Bei der Suche nach Antworten auf diese Fragen möchte ich Ihnen helfen.
Schauen wir uns die Gemeinsamkeiten unserer Sprachen an, werden schnell verschiedene Aspekte deutlich, die die Pferde in ihrer innerartlichen Kommunikation genauso nutzen wie wir selbst in der Kommunikation mit unseren Mitmenschen. Diese gemeinsamen Aspekte bilden die Voraussetzung dafür, dass das Pferd auch artübergreifend, also mit uns, in eine soziale Interaktion treten kann. So kann es z. B. einen Angriff von freundlicher Annäherung unterscheiden. Nicht jeder kleine Vierbeiner in Gestalt einer Raubkatze wird so automatisch als Bedrohung wahrgenommen, sondern mehr darüber, wie er sich verhält. Das Verhalten ist deutlich entscheidender als die Form. Verschiedene Aspekte der Körpersprache werden als gefährlich oder ungefährlich eingestuft. Auch der Mensch wird, je nach Absicht und der Art und Weise, wie er sich verhält, als gefährlich oder ungefährlich eingeschätzt.

Neben der Beurteilung unseres Verhaltens, spielen unsere **physischen Charakteristika** im Dialog mit dem Pferd eine Rolle. Unsere aufrechte, längliche Statur als Zweibeiner oder die Positionierung unserer Augen und Ohren, aber auch Merkmale wie Größe, Masse und Gesundheitszustand sind weitere Aspekte, die zur Einschätzung unseres Verhaltens beitragen und die Kommunikation beeinflussen können. Sie sind nicht zu ignorieren und geben zusätzliche Informationen an das Pferd. Wir selbst erleben das in der Kommunikation mit unseren Mitmenschen. Lernen wir eine Person kennen, haben wir, noch bevor wir ein Wort mit ihr gewechselt haben, eine Idee dazu, ob wir diese eher sympathisch oder unsympathisch finden. Wir lassen uns durch die äußere Erscheinung beeinflussen, ob wir es wollen oder nicht. Bleiben wir unvoreingenommen, geht es hier jedoch nur um den ersten Moment. Deutlich entscheidender als die Informationen, die wir durch das Erscheinungsbild erhalten, sind Informationen, die wir durch das Verhalten gewinnen. Sie können beispielsweise eine physische Eigenschaft entkräften oder aber auch überlagern. Evolutionsbiologisch gesehen hat die Eigenschaft, physische Charakteristika einzuordnen, unser Überleben gesichert. So fühlen wir Sicherheit in dem Gewohnten. Fremdem oder Neuem begegnen wir zunächst mit erhöhter Wachsamkeit. Auch Pferde haben eine Idee zu ihrem Gegenüber, noch bevor wir, um uns ihnen mitzuteilen, in Interaktion mit ihnen treten. Schauen wir uns sie in einer zusammengestellten Gruppe an, das bedeutet, dass die Pferde nicht miteinander verwandt sind oder sich selbstständig zusammengetan haben. Hier lässt sich häufig beobachten, dass sie sich eher Pferde mit einer ähnlichen Fellfarbe oder ähnlichem Aussehen aussuchen, um mit diesen engere Freundschaften einzugehen. Oder wir sehen, dass Pferde, die von einem Tag auf den anderen ein gänzlich neues Erscheinungsbild haben, da sie eine Decke tragen, von ihren Herden/Gruppenmitgliedern ausgeschlossen oder sogar aggressiv angegangen werden. Nach der ersten Unsicherheit, die durch ein fremdes Aussehen entstanden ist, stehen wieder andere Dinge im Vordergrund, wie Verhalten und Geruch.

Betrachten Sie Ihre Situation mit Ihrem imaginären Pferd einmal aus der Vogelperspektive.

— Können Sie Ihr Bewusstsein für das schärfen, was auf den ersten Blick nicht sichtbar ist, nämlich das, was zwischen Ihnen beiden liegt?

Eine Gemeinsamkeit, die wir mit den Pferden haben, ist die Wahrnehmung für den Raum, der um uns ist und zwischen uns und unserem Gegenüber liegt und der Umgang mit diesem.

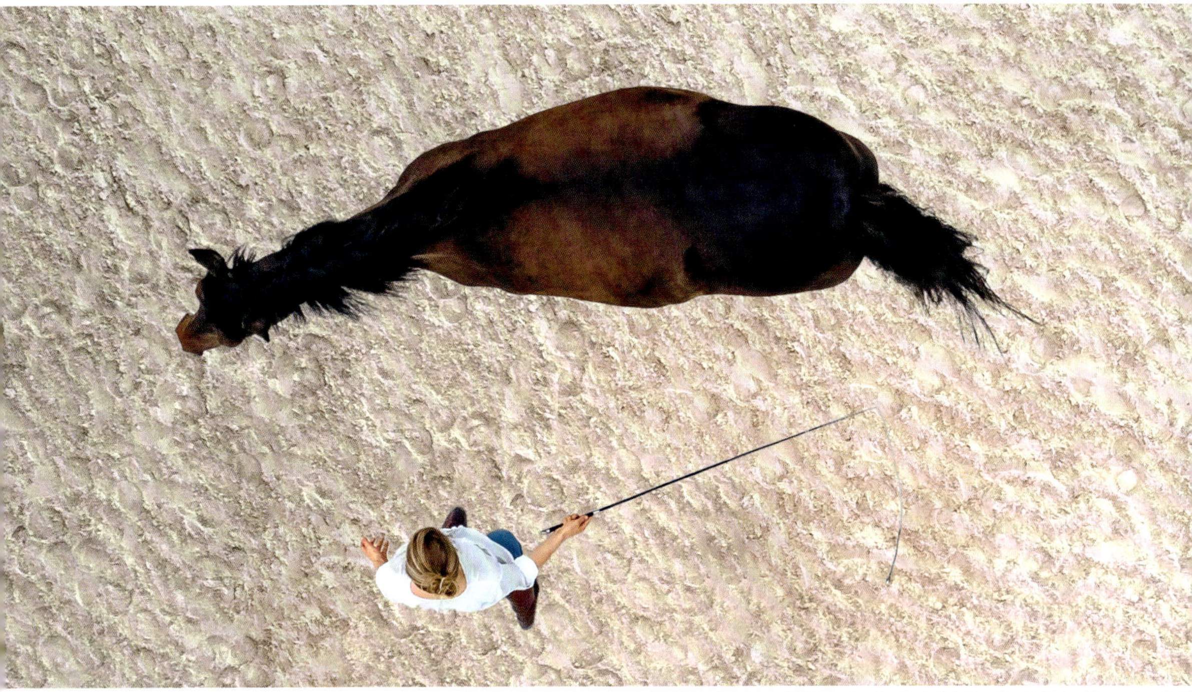

Im Sinne der Gestaltung eines guten, zielführenden „Gesprächs", ist das Raumverhalten von besonderer Bedeutung.

Der wohl am deutlichsten von außen sichtbare Aspekt unserer gemeinsamen Sprache ist die Kommunikation über den Raum. Im Sinne der Gestaltung eines guten, zielführenden „Gesprächs", ist das Raumverhalten von besonderer Bedeutung. Der Forschungsbereich **Proxemik** beschäftigt sich mit dem Empfinden räumlich-körperlicher Positionen und deren Bedeutung für die Kommunikation. Sie ist ein nonverbaler Aspekt unserer Körpersprache, der auch als „Raumsprache" bezeichnet wird. Wo sich die Körper im Raum befinden und bewegen und wie sie zueinander ausgerichtet sind, ist maßgeblich für die Qualität von sozialen Begegnungen.
Stellen Sie sich einmal folgende Fragen, die in diesem Fall einen Teilaspekt der Raumsprache, Ihre interpersonelle Distanz in der Kommunikation, veranschaulicht. Hier ist Ihr Raum gemeint, den Sie sich wünschen, wenn Sie in einen Dialog treten:

Wie nah sollte ein Mensch, mit dem Sie sich unterhalten, vor Ihnen stehen?

- Menschen, zu denen Sie eine enge freundschaftliche Verbindung haben oder die Familie
- Menschen, die Ihnen gut bekannt sind
- Menschen, zu denen sie eine berufliche Beziehung haben
- Menschen, die Ihnen fremd sind

Kommen Sie auf dieselben Distanzen wie Edward T. Hall in seinem 1966 veröffentlichten Distanzzonenmodell (siehe S. 22)? Und überprüfen Sie doch auch einmal, ob Sie zu einem späteren Zeitpunkt, am nächsten Tag oder in der nächsten Woche, immer noch zu der gleichen Einschätzung Ihres persönlichen Abstandsgefühls kommen.
Die Wahrnehmung für unseren Raum und für Distanzen ist eben unter anderem auch tagesform- und lebenssituationsabhängig.

Überprüfen Sie auch, wie nah Sie an einem Pferd stehen mögen,
- das Sie kennen, das Ihnen vertraut ist,
- das Ihnen fremd ist und über das Sie nichts wissen.

Überdenken Sie die beiden letztgenannten Eventualitäten unter dem Aspekt
- auf welcher Höhe am Pferd Sie sich aufhalten (auf Höhe des Kopfes, auf Höhe der Vorhand, auf Höhe der Hinterhand, vor oder hinter dem Pferd)
- und wenn das Pferd dabei in Bewegung ist.

Verändert sich jeweils Ihre Einschätzung?

Jeder Mensch, der sich noch nie bewusst mit der Größe seines für ihn als passend empfundenen persönlichen Raums und der körperlichen Distanz zu anderen beschäftigt hat, musste dies spätestens mit Beginn der Corona Pandemie tun. Wenn es vorher als höflich galt, Nähe zu zeigen, war zumindestens eine Zeit lang der eingehaltene Abstand ein Ausdruck von Respekt und Vorsicht geworden – ein gutes Beispiel dafür, dass das Gefühl für persönlichen Raum und Distanzen zu unseren Mitmenschen variabel und von mehreren Faktoren abhängig ist. Wir können also durch einen bestimmten Abstand, eine Position oder Ausrichtung zu unserem Gegenüber unterschiedliche Informationen senden und die verschiedensten Situationen dadurch bewusst aber auch unbewusst herstellen.

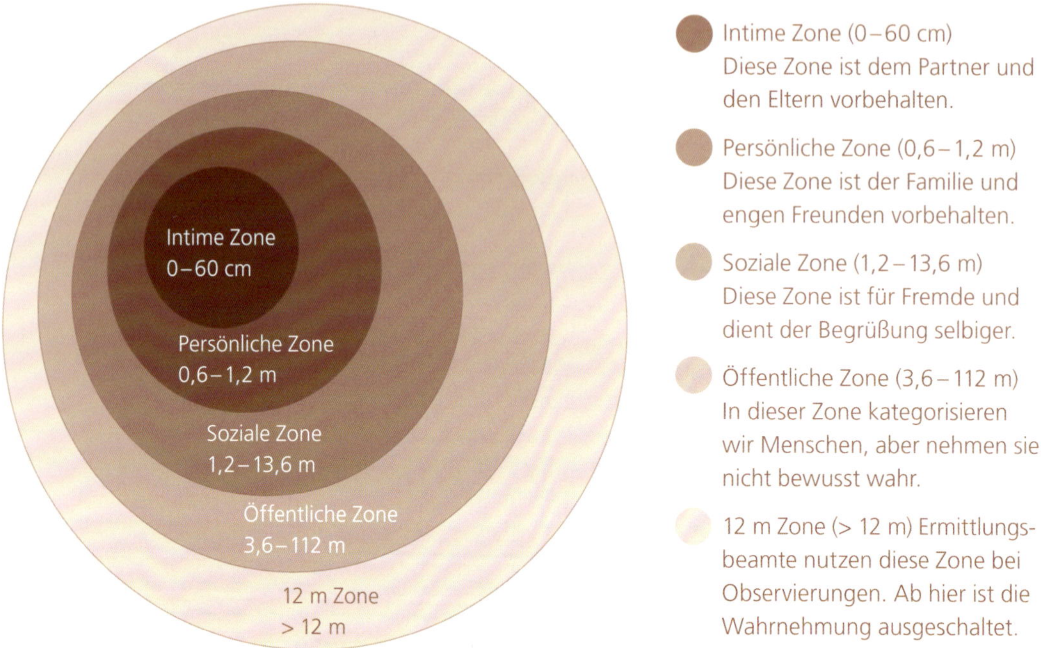

Distanzzonen-Modell nach Hall[5]

[5] Vgl. Hall, E. T. (1976): Die Sprache des Raumes. Düsseldorf: Schwann. 1. Auflage. S.118–133.

So subjektiv wie wir unseren Raum und Distanzen wahrnehmen, so subjektiv werden sie auch von den Pferden wahrgenommen. Pferde sind Perfektionisten, wenn es um die Raumwahrnehmung geht. Beobachten wir eine Gruppe von Pferden, ist schnell zu erkennen, wer sich mit welcher Distanz zu wem aufhalten darf, sei es beim Wandern, Schlafen oder Fressen. Und auch diese Distanzen sind nicht in Stein gemeißelt. Je nach Situation oder auch Lebensphase variieren diese stark.

Sind wir uns in der Interaktion mit dem Pferd über den Aspekt des Raum-*nehmens* und Raum-*gebens* nicht bewusst, deuten eine Grenzverletzung an und überschreiten die Grenzen des individuellen Raums eines Pferdes, kann es bei ihm zu einem innerlichen Rückzug, zu Flucht- oder Abwehrreaktionen kommen. Die größten Missverständnisse im Dialog entstehen durch unsere Fähigkeit, uns inkongruent zu unserer Raumsprache zu verhalten. Das geschieht z. B., wenn wir einen innerlichen Rückzug in uns fühlen und dennoch offensiv agieren, indem wir z. B. treibende Gesten in Richtung des Pferdes ausführen, uns aber räumlich zurückziehen.

Kommen wir zurück zu Ihrer Begegnung mit dem Pferd, das vor Ihnen steht …
Sie nehmen nun wahr, in welchem Abstand Sie zu dem Pferd stehen und was dieser vielleicht für das Pferd mit seiner ganz individuellen Wahrnehmung und den Erfahrungen, die es bereits gemacht hat, bedeuten könnte.
Lenken Sie nun Ihren Blick auf Ihre eigene Körperhaltung.

Auch unsere **Körperhaltung** bestimmt die Qualität eines Dialogs. Durch unseren aufrechten Gang und Stand ist es uns möglich, viele unterschiedliche Haltungen einzunehmen. Dabei strahlt ein aufgerichteter Körper deutlich mehr Souveränität aus, als ein gekrümmter mit schlaff herunterhängenden Schultern und Armen. In sozialen Interaktionen kann unsere Körperhaltung so maßgeblich unseren Status und den, der in Beziehung zu uns stehenden Menschen oder Tiere, beeinflussen. Bewusst tun wir dies, wenn wir bestimmte Emotionen oder unseren Status verdeutlichen wollen. Eine Enttäuschung, die man erfährt und mitteilen möchte, ist unschwer durch eine gebeugte Haltung mit herabgesenktem Kopf zu übersehen.
Dieselbe Haltung nehmen wir aber auch unbewusst ein, wenn wir z. B. in gedrückter Stimmung sind, ohne einen aktiven Informationsaustausch mit den Menschen, die sich im Raum mit uns befinden, zu intendieren. Auch durch Reflexe verursachte Veränderungen unserer Körperhaltung enthalten Informationen über unsere Situation, z. B. ein Krümmen bei einem akuten Schmerz.
Unsere Körperhaltung sendet so ununterbrochen Informationen, ob wir es wollen oder nicht. Auch in der Begegnung mit dem Pferd ist sie Informationsquelle. So kann z. B. ein im Dialog mit ihm vorgelehnter Körper das Pferd – je nach Energie und Intention und Raumverhalten – zu unterschiedlichen Reaktionen veranlassen, von Rückzug über Annäherung bis hin zu Angriff. Ein Körper, der sich zurücklehnt, kann hingegen je nach Intensität, Ausrichtung und Mimik zum Pferd, einladend (raumfreigebend) wirken oder offensiv einen Angriff vorbereiten (raumnehmend).

Wenden Sie Ihren Blick wieder zu Ihrem Pferd.
Beobachten Sie seine Körperhaltung. Sie ergibt sich, wie auch bei uns Menschen, durch die Betrachtung des Gesamtbildes des Körpers, das sich durch verschiedene Positionen der verschiedenen Körperteile zu einem Gesamten zusammenfügt.

Die Körperhaltung hat nicht nur eine Bedeutung für das Senden von Signalen, sondern auch für die Anpassung unterschiedlicher Wahrnehmungsmöglichkeiten an die jeweilige Situation.

Beim Pferd sind es z. B. die Haltung des Schweifs, die Kopf/Halsposition oder auch die Beinposition, die die jeweiligen Körperhaltungen ergeben. Diese haben nicht nur eine Bedeutung für das Senden von Signalen, sondern auch für die Anpassung unterschiedlicher Wahrnehmungsmöglichkeiten an die jeweilige Situation. So verändert das Pferd beispielsweise den Sehwinkel durch eine Anpassung der Kopf/Halsposition, um potenzielle Gefahren und Hindernisse in der Ferne oder in der Nähe besser wahrnehmen zu können.

Mit einem erhöhten Bewusstsein für Raum und Körperhaltung setzen Sie sich nun in Bewegung. Spielen Sie in Ihren Gedanken durch, inwiefern die Art Ihrer Bewegung die Situation verändert oder Ihrer Körpersprache eine weitere Information gibt.

- Wie gehen Sie? Wo ist Ihr Schwerpunkt? Ist Ihr Gang in einem gleichmäßigen Takt oder belasten Sie beim Gehen ein Bein mehr als das andere.
- In welcher Geschwindigkeit bewegen Sie sich, ist sie konstant oder stockend oder ansteigend? In welchem Winkel

Die Anspannung unserer Muskulatur gibt einer bestimmten Körperhaltung oder Geste erst ihren Charakter und ihre Intensität.

zum Pferd bewegen Sie sich, verändert sich dieser oder bleibt er konstant?

— Lassen Sie nun auch das Pferd sich in Bewegung setzen und spielen Sie unterschiedliche Möglichkeiten des Gangbildes und der Qualität der Geschwindigkeit durch.

Alle die Informationen, die Sie nun gewonnen haben, vervollständigen das Bild der jeweiligen Situation und geben Ihnen die Möglichkeit, Ihr eigenes Verhalten und das des Pferdes in seiner ganzen Komplexität wahrzunehmen.

Ob in Bewegung oder nicht, ein weiterer, noch nicht genannter Faktor in der Kommunikation spielt eine wichtige Rolle. Jeder lebende Körper bringt im wachen Zustand eine bestimmte Grundspannung mit sich, den sogenannten **Muskeltonus**. Dieser ist wie fast alles, was mit dem Körper zu tun hat, wandelbar und beeinflussbar. Die Anspannung unserer Muskulatur gibt einer bestimmten Körperhaltung oder Geste erst ihren Charakter und ihre Intensität. Versuchen Sie einmal bewusst eine Bewegung mit niedrigem Muskeltonus, dann mit

An der Mimik beteiligt sind Ohren, Augen, Augenlid, Maul, Maulspalte, Lippen, Kinn, Nüstern und Kaumuskulatur.

erhöhtem auszuführen. Allein das Feedback Ihres eigenen Körpers an Sie selbst wird Ihnen ein Gefühl dazu geben, wie die unterschiedlichen Toni auf Ihr Gegenüber wirken werden. Verschiedene Intensitäten des Tonus verleihen Ihrem Handeln erst ihren Charakter oder geben Aufschluss zu ihrer genauen Absicht. Der Muskeltonus ist auch Ausdruck des innerlichen Geschehens, indem er den Körper oder einzelne Regionen des Körpers durch das Festhalten der Muskulatur schützt. Die Gründe für einen dauerhaft erhöhten Muskeltonus können Indikatoren für die verschiedensten körperlichen wie psychischen Beschwerden oder Dysbalancen sein.

Sie haben Ihren Blick nun auf verschiedene physische Faktoren gelenkt, die in der Begegnung mit dem Pferd relevant sein können. Öffnen Sie nun Ihren Blick für die Mimik des Pferdes. Diese gibt Ihnen zusätzlich entscheidende Informationen über seine innere Haltung im Dialog.

Sie erzählt Ihnen zum Beispiel, ob es gerade ruht, angespannt ist, es Schmerzen plagen, es etwas genießt, es sich fürchtet oder wo sein Fokus liegt. Auch wenn natürlich jedes Pferdegesicht anders aussieht und ein längeres Kennenlernen unabdingbar ist, um die **Mimik** des individuellen Pferdes in seinem ganzen Spektrum richtig einschätzen und interpretieren zu können, sind dennoch allgemeingültige Aussagen zur Mimik des Pferdes möglich. So werten wir die durch Spannungszustände in der Muskulatur erzeugte bestimmte Faltengebung um Augen, Nüstern und Maulpartie als Anzeichen von Schmerzen, aber auch eine nach hinten gerichtete Stellung der Ohren und ein verengter Lidspalt gelten als Schmerzsignal. Ein sogenanntes Genussgesicht hingegen, das z. B. bei der gegenseitigen Fellpflege (Grooming) entsteht, ist u. a. gekennzeichnet durch halb geschlossene Augen und eine gespitzte Oberlippe.
Aber Vorsicht! Denn auch wenn ein Pferd nicht alle Merkmale eines sogenannten Schmerzgesichtes zeigt, kann es trotzdem Schmerzen haben. Die individuelle Schmerzwahrnehmung und auch das individuelle Ausdrucksverhalten bei Schmerz sind charakterbedingt unterschiedlich ausgeprägt und hängen auch von physischen Charakteristika ab. Wir dürfen daher einzelne Anteile an der Gesamtmimik, wie z. B. eine verkürzte Maulspalte, nicht isoliert bewerten.

Damit die Mimik des Pferdes interpretierbar wird, ist es auch hier wieder wichtig, diese in das Gesamtbild (Körperhaltung, Muskeltonus ...), das wir von ihm haben, einzuordnen und im Kontext seines gesamten Verhaltens zu deuten.[6]

Die wohl auffälligsten und beweglichsten Teile, die das Gesamtbild der Mimik komplettieren, sind die Ohren. Das sogenannte Ohrenspiel zeigt sich in vielen unterschiedlichen Nuancen. Aber auch hier gilt, aus dem Zusammenhang der restlichen Signale genommen, lässt es sich kaum interpretieren. So kann z. B. der Winkel, in dem das Pferd die Ohren nach hinten an den Kopf legt, unterschiedliche Stimmungen ausdrücken. Sie können Aggressivität bedeuten, genauso aber auch Angst und Unsicherheit oder auch einfach ein Schutz vor Wind und Nässe. Je nach individueller Ohrenform und auch charakterlichen Eigenheiten des Pferdes, stellen die Ohren zudem unterschiedliche Intensitäten eines Gefühls oder einer Stimmung dar. Das Pferd kann auch die Stellung seiner Ohren verändern, um den Fokus auf ein Geräusch zu richten. Ist es hinter ihm, dreht es sie nach hinten, um es wahrzunehmen. Diese Ohrenstellung kann in einem anderen Kontext auch einen erhöhten Anspannungszustand anzeigen. Lassen wir also keine Information aus, die uns Aufschluss über das jeweilige Befinden eines Pferdes geben kann.

Haben Sie die Mimik Ihres Pferdes beobachtet und können sie in das Gesamtverhalten einordnen, fragen Sie sich einmal, was Ihr eigener Gesichtsausdruck über Sie selbst erzählt. Was könnte Ihre Mimik dem Pferd, das vor Ihnen steht, mitteilen?

---

[6] Vgl. Ask, K. et al. (2020): Identification of Body Behaviors and Facial Expressions Associated with Induced Orthopedic Pain in Four Equine Pain Scales. *Animals* 2020, 10, 2155.

Mit menschlichen Gesten sind vor allem die Bewegungen der Arme, Hände und die des Kopfes gemeint.

Es fällt nicht immer leicht, jede Mimik eindeutig zu interpretieren, weder die des Pferdes noch unseres menschlichen Gegenübers. Sie kennen vielleicht die Situation, in der wir bei unseren Mitmenschen einen sehr konzentrierten Blick nicht immer von einem ärgerlichen oder wütenden Blick unterscheiden können. Wenn ich Menschen in einem Seminar vor mir sitzen habe, die sehr ernst gucken, interpretiere ich dies, wenn ich unsicher bin, eher als kritischen Blick bezogen auf meinen Vortrag. Wenn ich mir sicher bin über das, was ich unterrichte und selbst keinen Zweifel an meiner Kompetenz hege, schätze ich den Gesichtsausdruck der Teilnehmenden eher als konzentriert ein. Damit es Ihrem Pferd nicht genauso ergeht und es die Möglichkeit erhält, Sie gut „lesen" zu können, achten Sie nun vielleicht häufiger einmal auf Ihren eigenen Gesichtsausdruck, wenn Sie ihm begegnen. Durch ein Lächeln erreichen Sie dann zweierlei. Zum einen nimmt Ihr Pferd Ihren freundlichen Blick wahr, zum anderen verändert sich laut der Facial Feedback Hypothese[7] durch Ihre eigenen Aktivitäten der Gesichtsmuskeln Ihr subjektives Emotionsempfinden. In diesem Fall würde Ihr Lächeln bei Ihnen selbst zu einer positiven Grundstimmung führen. Ihr Pferd kann also Ihre

[7] Vgl. Laird, J. D. (1974): Self-attribution of emotion: The effects of expressive behavior on the quality of emotional experience. Journal of Personality and Social Psychology, 29, 475 – 486.

unterschiedlichen Gesichtsausdrücke wahrnehmen und einschätzen.
Bislang wurde durch die Forschung bewiesen, dass es eine positive von einer aggressiven oder wütenden Mimik unterscheiden kann.[8] Es kann sich auch an diese erinnern und sie mit einer Person in Zusammenhang bringen, die es bis dahin ausschließlich auf einem Foto gesehen hat.[9] Alarmiert und mit Stressverhalten reagiert Ihr Pferd, wenn es einen wütenden oder zornigen Gesichtsausdruck bei Ihnen wahrnimmt.[10]

Gehen wir zurück zu Ihrer Begegnung mit dem Pferd.
Fokussieren Sie sich auf Ihre Gestik. Nehmen Sie wahr, welche Gesten Sie ausführen. In welcher Situation haben Sie das Bedürfnis, Ihre Hände und Arme zu nutzen, um Ihrem Pferd etwas mitzuteilen? Sind Sie sich bewusst darüber, welche Gesten Ihr Pferd davon verstehen kann?

Wenn wir über menschliche Gesten sprechen, meinen wir vor allem die Bewegungen der Arme, der Hände und des Kopfes, mit denen wir etwas signalisieren oder indirekt zum Ausdruck bringen wollen. In einem Gespräch begleiten, bekräftigen oder untermalen wir mit ihnen das gesprochene Wort. Von Gebärden sprechen wir, wenn wir ein Wort durch ein Zeichen ersetzen. Gesten ordnen wir also der nonverbalen Kommunikation durch unsere Körpersprache zu, Gebärden unserer Wortsprache als visuell wahrnehmbare Form. Beide sind kulturell und regional geprägt und das Pferd kann sie bis auf wenige Ausnahmen nicht lesen und verstehen.

Unterschiede in der Körpersprache zwischen Mensch und Pferd und unsere Präferenzen, auf welchem Weg wir uns mitteilen, werden besonders deutlich am menschlichen Bedürfnis, vorwiegend Hände und Arme zu benutzen, um sich verständlich zu machen.

Wir erhalten Informationen aus einer Berührung ebenso wie aus dem Berührtwerden.

[8] Vgl. Smith, A. V. et al. (2016): Functionally relevant responses to human facial expressions of emotion in the domestic horse (Equus caballus). *Biology Letters* 2016, 12: 20150907.

[9] Vgl. Proops, L. et al. (2018): „Animals Remember Previous Facial Expressions that Specific Humans Have Exhibited". *Current Biology* 2018, 28, Issue 9, Pages 1428 – 1432.e4.

[10] Vgl. Baba, Ch. et al. (2019): Are Horses (Equus caballus) Sensitive to Human Emotional Cues?. *Animals* 2019, 9, 630.

Auch beim Pferd werden in unserem Sprachgebrauch gewisse Ausdrucksweisen als Geste oder Gebärde bezeichnet. Hier ist neben einzelnen Gesten überwiegend das Zusammenspiel von Körperhaltung, Muskeltonus, Proxemik und Mimik als Gebärde oder Geste gemeint. Wir sprechen z. B. von einer Unterlegenheitsgeste wie dem sogenannten Fohlenkauen oder auch Leerkauen. Obwohl das Pferd uns durch den Ausdruck unserer Körpersprache über bestimmte Gesten nicht verstehen kann, können wir dennoch unsere Gesten nutzen, um uns ihm mitzuteilen. Der Ausdruck unserer restlichen Körpersprache kann durch sie bekräftigt werden.

Welche Gesten unsererseits zu Irritationen in der Kommunikation führen können, wird näher im Kapitel „Wahrnehmung und Interpretation" beschrieben.

Gerüche gehen direkt „ins Herz".

Gehen wir zurück zu Ihrer Begegnung mit dem Pferd.
Denken Sie darüber nach, was Ihnen noch alles wahrzunehmen möglich ist – angefangen mit der **Wahrnehmung** Ihrer eigenen Sinne bis hin zu den artspezifischen Wahrnehmungsmöglichkeiten des Pferdes.
Lauschen Sie einmal dem Atem und den Lauten, die das Pferd eventuell von sich gibt. Es könnte Sie zum Beispiel über ein Brummeln begrüßen, nach einem entfernten Pferd wiehern, entspannt seinen Atem durch seine Nüstern schnauben.
Gehen Sie jetzt die Ausdrucksmöglichkeiten Ihrer eigenen Stimme und Ihres Atems durch (siehe Seite 109 „Der Atem"), die eine Ihrer Emotionen unterstreichen würde und Ihre Intention so für das Pferd vielleicht noch deutlicher macht. Auch Ihr Atem und sogar Ihr Herzschlag sind für Ihr Pferd deutlich wahrnehmbar. Ihrem Pferd ist es möglich, Frequenzbereiche zu hören, die Ihnen verborgen bleiben werden (akustische Wahrnehmungsfähigkeit).

Lenken Sie nun Ihre Wahrnehmung zu Ihren Füßen. Fühlen Sie Erschütterungen oder kleine Vibrationen? Vielleicht ist Ihre Wahrnehmung darauf nicht so sensibel eingestellt, da Ihre Schuhe Ihre Füße in eine vorgegebene Form bringen und eine feste Sohle die Sensibilität einschränkt. Wenn Sie jedoch einmal genau hinfühlen, ist es Ihnen – genauso wie dem Pferd, das Ihnen gegenübersteht – möglich, diese wahrzunehmen. Das Pferd wird Sie und seine Artgenossen auch schon aus großer Entfernung kommen fühlen, allein durch die **vibratorische Wahrnehmungsfähigkeit** der Hufe.

Nähern Sie sich jetzt Ihrem imaginären Pferd im Bewusstsein über Ihr Raumverhalten, Ihrer Körperhaltung, Geschwindigkeit, Muskeltonus, Mimik und Gestik, und berühren Sie es an einer Stelle seines Körpers. Vielleicht läuft aber auch das Pferd auf Sie zu und berührt Sie mit seiner Nase an Bauch oder Hand.

Aus welcher Intention heraus die Berührung eingeleitet oder ausgeführt wurde, ist in diesem Moment gerade noch nicht relevant. Vielmehr geht es darum, was wir durch sie erfahren können. Welche Informationen können wir auf der Basis unserer **taktilen/haptischen Wahrnehmungsfähigkeit** erhalten? Fühlt es sich warm, kalt, weich, rau, locker, fest, feucht, trocken … an? Mit welcher Intensität spüren wir? Wir erhalten Informationen aus einer Berührung ebenso wie aus dem Berührtwerden und vervollständigen so unser Bild von der Situation.

Eine kleine Aussicht auf ein späteres Kapitel soll Ihnen verraten, dass es hier in der Begegnung erst einmal ausschließlich um die Wahrnehmung gehen darf, ohne in Bedrängnis zu geraten, alles einordnen oder interpretieren zu müssen.
Lehnen Sie sich also weiter entspannt zurück und erlauben Sie Ihren Gedanken über Ihre Kommunikationsmöglichkeiten ungehindert fließen zu lassen.
Als soziale Lebewesen haben Pferde ebenso wie wir ein Bedürfnis nach taktiler Kommunikation. Wir können das z. B. beobachten, wenn sie sich begrüßen, wenn sie kämpfen, spielen oder beim Miteinander dösen, besonders unter engen Freunden. Mit dem Maul, dem Kopf oder anderen Körperteilen senden sie taktile Signale durch direkte oder angedeutete Körperberührungen aus und sie fühlen, welchen Charakter eine Berührung hat. Diesen und die Häufigkeit, in der sie mit einem Pferd ausgeführt werden, macht die Art der Beziehungen untereinander sichtbar und ist Ausdruck der sozialen Bindung, Rangordnungsverhältnisse und beeinflusst den Ausgang einer Situation. Krault ein Pferd zum Beispiel bei der Fellpflege (Grooming) ein anderes Pferd mit

einer stärkeren Intensität, als dieses es bevorzugt, wird es ihm das deutlich zurückmelden oder die Situation wenn nötig verlassen. Die Fellpflege, die wir mit unseren Pferden ausführen, kann ein wichtiger Teil unserer Interaktion mit dem Pferd werden. Sie kann dabei helfen, einander besser kennenzulernen und unsere Beziehung zueinander festigen. Das Säubern des Fells muss dabei nicht im Vordergrund stehen, sondern die Erforschung der Berührungsqualität und die Wahrnehmung dafür, welche Art der Berührungen, z. B. in Form einer Massage, Kratzen oder Streicheln, das Pferd zu welchem Zeitpunkt bevorzugt. Diese Begegnung mit dem Pferd kann eine der wichtigsten Momente in unserem Zusammensein mit ihm sein, vorausgesetzt, Sie erleben diese achtsam.

Spätestens mit der Nähe zueinander wird Ihnen eine weitere Welt Ihrer Sinne eröffnet, die Welt der Gerüche. Unsere **olfaktorische Wahrnehmungsfähigkeit** lässt uns Assoziationen zu bestimmten Gerüchen in Zusammenhang mit dem Pferd haben. Sie werden Sie an eine bestimmte Situation erinnern, oder an eine Zeit in der Vergangenheit, die durch den Geruch dominiert oder begleitet wurde. Auch kann es sein, dass Sie etwas Unangenehmes mit einem bestimmten Geruch verknüpfen, der Ihnen jetzt begegnet. Das, was über Nase und Mund über Ihren Atem als Geruchsinformation einströmt, gelangt ohne Umwege zum Gehirn und wirkt direkt auf das limbische System, wo Emotionen verarbeitet und Triebe gelenkt werden. Einfacher ausgedrückt, Gerüche gehen direkt „ins Herz". Sie lösen Gefühle in Ihnen aus und lassen diese zum Schwingen bringen. Pheromone, die Sie und Ihr Pferd über die Haut und Ihren Atem in die Luft abgeben, werden Ihnen beiden Informationen geben, auf die Sie unbewusst reagieren werden. Um einen Geruch noch intensiver zu erkunden und „aufzusaugen" wird das Pferd seine Oberlippe hochziehen und flehmen. Die Botenstoffe (Pheromone) kann es so in sein Vomeronasalorgan (Jacobson-Organ) ziehen, ein kleiner in einer Sackgasse endender Gang, der von den Nüstern ausgeht. Geruchsreize spielen also in unserer Kommunikation, ob mit Menschen oder mit Tieren, eine wichtige Rolle für den Informationsaustausch. Ihr Pferd wird Sie an Ihrem Geruch identifizieren, Ihren Hormonstatus wahrnehmen und merken, wenn Sie krank sind, Angst haben oder besonders zufrieden sind.[11]

Um das Bild, das es bisher von Ihnen hat, zu komplettieren, wird das Pferd eventuell an einer nicht bedeckten Stelle Ihres Körpers, wie zum Beispiel Ihrer Hand, lecken. Neben der Erkundung des salzigen Geschmacks, den Ihre Haut durch die Schweißproduktion abgibt, geht es auch auf die Suche nach weiteren wichtigen chemischen Substanzen und Botenstoffen, die zu erkennen es zum Überleben braucht. Ergänzt durch die Informationen über die Aromen, die der Geruchssinn erkennt, entsteht so im Gehirn der Geschmackseindruck. Diese sogenannte **gustatorische Wahrnehmung** ist sehr individuell und weitgehend durch Erfahrungslernen und Gewöhnung geprägt und durch das, was das Pferd gerade braucht.
Werden Sie mit dem Wissen jetzt noch mit künstlichen, intensiven Parfums Ihr Pferd besuchen gehen?

[11] Vgl. Sabiniewicz, A. et al. (2020): Olfactory-based interspecific recognition of human emotions: Horses (Equus ferus caballus) can recognize fear and happiness body odour from humans (Homo sapiens), Applied Animal Behaviour Science. ScienceDirect. Volume 230. 9/2020. 105072.

Lassen Sie in der Begegnung mit Ihrem Pferd Ihr Herz zu Wort kommen.

Lassen Sie alle Faktoren, die Sie sehen, hören, riechen und mit Ihrer Haut fühlen können, einmal beiseite und versuchen, einfach nur da zu sein.
Lassen Sie Ihre Sinne pausieren und lassen Sie **Ihr Herz** zu Wort kommen.

Alles, was Sie jetzt fühlen oder nicht fühlen, ist Teil von Ihnen, Ihrer Sprache und Ihren Möglichkeiten, in den Austausch mit Ihrem Pferd zu kommen.
Welchen Einfluss Ihre Emotionen und Ihre Fähigkeit zu fühlen auf Ihr Verhalten haben, erfahren Sie in Kapitel „Emotionen verbinden".

Der Wunsch, sich mit unserem Gegenüber zu synchronisieren, ist nicht nur unser eigener Wunsch, sondern auch der der Pferde. Diese Synchronisation finden wir in unseren gemeinsamen Emotionen wie auch in unseren Bewegungen.
Hinter allem, was unsere Körper in der fiktiven Situation nun erzählt haben, steckt immer eine Absicht oder besser, eine intrinsische Motivation. Die Körpersprache des Pferdes wird immer kongruent zu seiner Intention sein. Damit auch wir in den gleichen „ehrlichen" Austausch gehen können, ist es wichtig, unsere Absicht in Einklang mit unserer Körpersprache zu bringen.

KÖRPERSPRACHE ALS FREMDSPRACHE

Dass ein Großteil unserer Körpersprache keine Fremdsprache für das Pferd ist, haben wir im vorherigen Kapitel erfahren. Einige Anteile unserer Körpersprache, die das Pferd von Natur aus erst einmal nicht verstehen kann, können wir ihm jedoch beibringen. Darüber hinaus lässt sich auch ein Repertoire von Antworten auf verschiedene Signale oder Anteile unserer Körpersprache erarbeiten, wie beispielsweise bestimmte Gesten und Gertensignale. Wir entwickeln sozusagen eine gemeinsame Fremdsprache. Dafür müssen wir verstehen, wie das Pferd lernt und wissen, was es instinktiv versteht, und welchen Anteilen unserer Körpersprache wir durch Reiz-Reaktions-Verknüpfungen erst ihre Bedeutung zuschreiben müssen. Dieses Wissen über die Lernvorgänge und die Möglichkeit, dem Pferd ein gewünschtes Antwortverhalten beibringen zu können, ist nicht nur dann wichtig, wenn es um den alltäglichen Umgang mit ihm geht, sondern auch bei der Erarbeitung komplexer Bewegungsabläufe.

Wir können nahezu jede Reiz-Reaktions-Verknüpfung herstellen. Da so auch nicht nur gesundheitlich unbedenkliche Bewegungsabläufe und Verhaltensmuster antrainiert werden können, sollten wir unsere Entscheidungen, wie wir in das Verhalten eingreifen und was wir dem Pferd beibringen, immer wieder ethisch hinterfragen.

Wenn Reiz-Reaktions-Verknüpfungen zu gesunderhaltenden Bewegungsabläufen werden ... Stute Jolene beim Traversieren.

LERNVORGÄNGE VERSTEHEN

Bringen wir dem Pferd ein gewünschtes Verhalten bei, sollten wir mit ihm in einen Dialog treten und niemals seine facettenreiche Körpersprache und Fähigkeit zu kommunizieren ignorieren. Sie ist die Sprache, die es bereits erfolgreich perfektioniert hat, um mit seinen Artgenossen zu kommunizieren und zu überleben. Nehmen wir diese wahr, können wir jederzeit während eines Lernprozesses einfühlsam reagieren. Das setzt voraus, dass wir uns einen guten Blick für das artspezifische Kommunikationsverhalten und jenen Verhaltensantworten angeeignet haben, die wir dem Pferd bewusst oder unbewusst beigebracht haben. Lernen findet immer statt, und somit auch in jeder Begegnung mit uns. Wie in diesem Prozess die Wahrnehmung verarbeitet wird, können wir nicht direkt beobachten, wir können sie ausschließlich aus der Veränderung des beobachtbaren Verhaltens erschließen. Kennen wir die unterschiedlichen Lernvorgänge, die einer Veränderung des Verhaltens zugrunde liegen, können wir den Hergang und Ausgang einer Situation besser durchschauen, die Kommunikation verbessern und unserem Pferd etwas beibringen. Wir können so beispielsweise unseren Einfluss auf Alltagssituationen verstehen, oder wie unsere Hilfengebung für das Pferd verständlich wird. Auch können wir auf Verhaltensweisen eingehen, wie beispielsweise Stresssymptome, die uns anzeigen, dass wir etwas unternehmen oder für das Pferd verändern müssen.

Zur Veranschaulichung des Lernprozesses, hier einige Beispiele aus der Praxis mit den zugrunde liegenden unterschiedlichen Lernvorgängen[12], die das Verhalten des Pferdes erklären.

Ich möchte, dass mein Pferd keine Angst hat vor meiner Geste.

Problem: Das Pferd schreckt vor einer meiner Gesten zurück, die keine Reaktion auslösen sollte. Es reißt z. B. den Kopf bei einer sanften Berührung hoch.

Übung: Ich wiederhole meine Geste in Richtung Kopf so häufig hintereinander, bis das Pferd dieser Geste nicht mehr ausweichen möchte.

Lernvorgang:

Dieser Lernvorgang bildet die Basis für alle anderen Formen des Lernens. Reize, die weder mit positiven noch negativen Folgen verbunden sind, rufen bei Wiederholung immer weniger und schließlich gar keine Reaktionen mehr hervor. Der Reiz, der zuvor eine Reaktion ausgelöst hat, wird nun weniger intensiv beziehungsweise stark wahrgenommen und das Pferd reagiert nun nicht mehr mit Anspannung und/oder Flucht. Es „gewöhnt"sich also an einen Reiz, indem die Reizschwelle angehoben wird (Reizschwelle=Mindeststärke eines Reizes zur bewussten Wahrnehmung). Es lernt so, auf welche Reize reagiert werden sollte und welche ignoriert werden können.

HABITUATION

Ich möchte, dass mein Pferd auf ein Signal meiner Körpersprache (Raum einnehmende Hilfe) mit Weichen der Hinterhand reagiert.

Problem: Das Pferd weicht nicht mit der Hinterhand aus oder weicht deutlich langsamer aus, als meine Geschwindigkeit der Hilfe und die Intensität meiner Körpersprache vorgeben.

Übung: Ich beginne mit der kleinsten Hilfe und steigere diese. Bei Eintreten der gewünschten Reaktion setze ich diese sofort aus.

Blick in Richtung Hinterhand

↓

Bewegung in Richtung Hinterhand

↓

Erhöhung der Intensität

↓

Sofortiges Entspannen und Bewegungsabbruch bei Weichen der Hinterhand

Lernvorgang:

Im Gegensatz zur Habituation wird hier die Reizschwelle gesenkt. Das heißt, das Pferd reagiert früher, bereits bei einer niedrigeren Reizschwelle. Dieser Lernvorgang erklärt also die Zunahme der Stärke einer Reaktion auf einen bestimmten Reiz.

SENSIBILISIERUNG

NICHT-ASSOZIATIVES LERNEN

Das nicht-assoziative Lernen gehört zu den einfachsten Formen des Lernens. Dabei werden Informationen über die Eigenschaften eines einzigen Reizes gespeichert. Bei einem wiederholten Auftreten dieses Reizes passt sich das Pferd unbewusst mit einer Verhaltensänderung durch Abnahme oder durch Zunahme der Reaktionsstärke an.

[12] Vgl. Zeitler-Feicht, M. H. (2015): Handbuch Pferdeverhalten. Ursachen, Therapie und Prophylaxe von Problemverhalten. Stuttgart: Ulmer. 3. Auflage. S. 159 ff.

Ich möchte, dass sich auf ein bestimmtes Wort hin, bei meinem Pferd ein Belohnungseffekt einstellt.

Problem: Das Pferd verbindet noch nichts mit meinem Lobwort.

Übung: Ich sage mein Lobwort (neutraler Stimulus) und führe unmittelbar danach eine Geste aus, die mein Pferd als angenehme, lobende bereits kennt, wie das Kraulen am Widerrist (unbedingter Stimulus).

Nach einigen Wiederholungen dieser Abfolge, wird der Belohnungseffekt (unbedingte Reaktion) auch ohne die Berührung, allein auf das Lobwort hin, eintreten. Diese so entstandene Verknüpfung sollte nach einiger Zeit wieder „aufgefrischt" werden, sonst kann sie erlöschen.

Lernvorgang:

Bei diesem Lernvorgang wird ein Zusammenhang zwischen zwei Reizen hergestellt, indem eine meist instinktive, natürlich vorhandene Reaktion auf einen Reiz, auf einen anderen, neutralen Reiz übertragen wird. Dieser ursprünglich neutrale Reiz, der vor dem Lernprozess keine Bedeutung für das Pferd hatte und anfangs keine Reaktion auslöst, wird nach mehrfachen Kopplungs-Wiederholungen, die zeitlich und räumlich möglichst nah beisammen sein müssen (Kontinguität), zu einem konditionierten Reiz. Nun genügt allein dieser Reiz, um die erlernte Reaktion auszulösen.

KLASSISCHE KONDITIONIERUNG

Lernen durch Verknüpfung von Reiz und Reaktion

Ich möchte, dass mein Pferd durch das Ablegen meiner Gerte auf seinem Rücken, ruhig stehen bleibt.

Problem: Das Pferd flüchtet vor der Gerte.

Übung: Ich lege die Gerte auf dem Rücken des Pferdes ab und nehme sie wieder weg, wenn es von sich aus stehen bleibt. Diesen Ablauf wiederhole ich, bis es das Ablegen der Gerte mit der Reaktion „Stehen" verknüpft hat. Meine Körpersprache kann durch Ausatmen und einer räumlich begrenzenden Hilfe helfen, dass das Pferd nicht zu stark in Bewegung gerät.

Lernvorgang:

Bei diesem Lernvorgang wird das Verhalten „Stehenbleiben" durch die Wegnahme der Gerte kommentiert und damit verstärkt (negative Verstärkung). Hier wird ein Zusammenhang zwischen Verhaltensweisen und deren Konsequenzen hergestellt, indem Reiz-Reaktions-Muster aus zunächst spontanem Verhalten, wie hier dem „Stehenbleiben", gebildet werden. Somit entscheiden die Konsequenzen, die einem Verhalten folgen (es wird kommentiert oder nicht), über dessen Auftrittshäufigkeit. Die operante Konditionierung spielt somit für die Motivation, ein bestimmtes Verhalten wiederholt zu zeigen – oder eben nicht zu zeigen, eine große Rolle.

OPERANTE KONDITIONIERUNG

Lernen durch „Versuch und Irrtum" oder auch „Lernen am Erfolg"

ASSOZIATIVES LERNEN

Beim assoziativen Lernen findet eine neuronale Verknüpfung (Assoziation) zwischen bestimmten Ereignissen statt.

Das Lob durch eine Berührung muss erst erlernt werden, damit das Pferd es als dieses begreifen kann – besonders das typische Klopfen am Hals, das häufig im Umgang mit Pferden zu sehen ist, bedarf am Anfang der Erklärung.

NEGATIVE VERSTÄRKUNG:
Ein Verhalten wird verstärkt, indem ein Reiz „weggenommen“ wird (negativ = minus – ein Reiz wird weggenommen.)
Beispiel: Die Gerte gibt ein Signal – das Pferd reagiert – das Signal wird weggenommen.

POSITIVE VERSTÄRKUNG:
Ein Verhalten wird verstärkt, indem ein Reiz „hinzukommt“ (positiv = plus +).
Beispiel: Das Pferd zeigt ein bestimmtes Verhalten – ein Futterlob oder ein Strafreiz (unangenehmer Reiz) wird zugefügt.

Die Worte „negativ“ und „positiv“ beschreiben ausschließlich, ob ein Reiz entfällt oder hinzukommt. Sie stehen nicht für die Bewertung, ob der Ausgang für das Pferd angenehm oder unangenehm ist.

DIE GESTE ALS FREMDE SPRACHE

Neben unseren Gemeinsamkeiten in unserer Körpersprache, kann ein Aspekt unserer nonverbalen Kommunikation für das Pferd schnell zur Fremdsprache werden – es ist unsere Eigenschaft, mit den Armen und Händen zu gestikulieren. In der zwischenmenschlichen Kommunikation senden wir mit diesen Gesten eine Fülle an unterschiedlichen Signalen. In der Regel werden diese von unserem Gegenüber verstanden, vorausgesetzt, wir kommen aus demselben Kulturkreis, stammen aus einer Region und/oder sind von gleicher sozialer Herkunft. Tun wir das nicht, kann es auch in der zwischenmenschlichen Kommunikation zu folgenschweren Missverständnissen kommen. So ist mit dem nach oben gestreckten Daumen in dem einen Land ein wohlwollendes Lob gemeint, in einer anderen Region wird er als vulgäre Geste und damit schlimme Beleidigung aufgefasst. Zugeworfene Kussmünder sind in der Regel bei uns Anlass zur Freude, in Kolumbien und Peru zeigen sie die Richtung an. Und während wir das Tippen an die Stirn als Beleidigung empfinden, bedeutet diese Geste in Peru, dass man jemanden für sehr intelligent hält.

Natürlich können Pferde diese von uns alltäglich ausgeführten und für uns selbstverständlichen Gesten nicht ignorieren. Sie sind perfekte Beobachter. Um ihr Überleben als Fluchttier zu sichern, ist es für sie zu jeder Zeit wichtig, eine gute Wahrnehmung für die aktuelle Situation zu haben, um diese einschätzen und auf sie reagieren zu können. Diese Fähigkeit, die für den Aufbau und die Sicherung der Sozialstruktur in der Herde existenziell wichtig ist, bekommt nun ebenso eine Bedeutung im Zusammensein mit uns. Auch wenn sie unsere Körpersignale nicht alle verstehen können, ist es ihnen möglich, über einen Lernprozess bestimmte Verhaltensantworten auf einzelne unserer Gesten und Gebärden zu geben oder einen bestimmten Handlungsablauf durch eine Geste des Menschen zu erwarten. Das funktioniert also nicht nur beim Hund, der auf Fingerzeig „Sitz" oder „Platz" macht. Diese Fähigkeit der Pferde, gewisse Gesten oder Handlungsabfolgen einschätzen lernen zu können, weil aus ihnen immer wieder dieselbe Konsequenz erfolgt, prägt den Prozess, der zum Gelingen der Verständigung zwischen Mensch und Pferd beiträgt. Hat es einmal gelernt, auf eine unserer Gesten wie von uns gewünscht zu reagieren, kann die Mensch-Pferd-Kommunikation von diesen erlernten Signalen profitieren. Widersprechen wir jedoch mit unserer restlichen Körpersprache einer Geste, verhalten uns also inkongruent, stören wir diesen Lernprozess und sorgen für Verwirrung. Auch wenn die Verhaltensforschung bereits davon ausgeht, dass auch Pferde menschliche Gesten, die die Richtung anzeigen, verstehen können[13], sind diese jedoch in unserem Alltag mit ihnen nicht einfach trennbar von unserer restlichen Körpersprache und Intention einsetzbar. Bewegt sich ein richtungsanzeigender Arm mit hoher Bewegungsenergie (z. B. wenn wir frontal vor dem Pferd stehen), kann es passieren, dass das Pferd diesem aufgrund seines Fluchtinstinkts eher ausweicht, als in die angezeigte Richtung zu folgen. Der Grund dafür liegt darin, dass es die Fähigkeit besitzt, für sein Überleben wichtigere von unwichtigeren Reizen zu unterscheiden. Da unser Fokus in dem Moment jedoch evtl. hauptsächlich auf unserer anzeigenden Geste liegt, kann das dazu führen, dass uns die Diskrepanz zwischen unserer Absicht und seinem Instinkt gar nicht auffällt und wir uns wundern, warum das Pferd in unseren Augen nicht adäquat reagiert.

Die Kongruenz der einzelnen Faktoren in unserer Körpersprache ist wichtige Basis für jeden weiteren gemeinsamen Lernschritt, besonders, wenn es um das Erlernen neuer Gesten geht, also auch dafür, dem Pferd bestimmte Gesten und Signale „verständlich" zu machen.

STIMME UND WORTE

Jedes Säugetier hat andere kognitive Fähigkeiten und damit auch unterschiedliche Möglichkeiten, den Bedeutungsgehalt unserer verbalen Sprache zu verstehen. Soll ein Tier die Bedeutung, die wir einem Wort gegeben haben, erlernen, müssen wir es mit einem bestimmten Verhalten oder Ereignis über den Weg der klassischen Konditionierung verknüpfen.

---

13 Vgl. Ringhofer, M. et al. (2021): Horses with sustained attention follow the pointing of a human who knows where food is hidden. *Scientific Reports* 11. 8/ 2021, 16184.

Auch wenn das Pferd kognitiv nicht dazu in der Lage ist, unsere verbale Sprache inhaltlich verstehen zu lernen, kann es dennoch einige Informationen aus der Art und Weise wie wir unsere Stimme einsetzen, ziehen. Dabei spielen Klangfarbe, Dynamik, Rhythmus und Lautstärke eine Rolle. Die Intention, die wir mit dem gesprochenen Wort ausdrücken, hat also mehr Aussagekraft als das Wort selbst, auch wenn dieses mit einem bestimmten Verhalten bereits verknüpft ist.

Bei der Kommunikation über eine Verknüpfung eines Lautes (das kann auch ein gesprochenes Wort sein) mit einer bestimmten Verhaltensantwort, bleibt der Einbezug der eigenen Körpersprache nicht aus, es sei denn, es werden ausschließlich über Lautsprecher Wörter oder andere Signale abgespielt. Sind unsere Laute an den Körper „angeschlossen" und behaupten nichts anderes als unsere tatsächliche Intention, die sich in unserem Körper widerspiegelt, kann das Pferd diese als unterstützend und bekräftigend zu unserer nonverbalen Körpersprache wahrnehmen, auch wenn es den sprachlichen Bedeutungsinhalt nicht verstehen kann. Wir sollten deshalb auch unsere gesprochene Sprache im Dialog mit dem Pferd mit größter Ehrlichkeit erklingen lassen. Ein sanft lobendes Wort wird vom Pferd nur dann auch als das erkannt werden, wenn unsere Körpersprache, als Ausdruck unserer inneren Haltung, dieselbe Botschaft übermittelt.

Das Fazit für unsere Kommunikation, ob mit Mensch oder Pferd, bleibt wohl immer dasselbe. Ehrlichkeit wird mit einer höheren Wahrscheinlichkeit, verstanden zu werden, belohnt.

DIE INNERE HALTUNG

Auch wenn wir einen weiteren Kommunikationsweg über konditionierte Gesten, Wörter, Laute und eventuell Gerten- oder Schenkelsignale wählen und das Pferd mit einem erlernten Verhalten „antwortet", sollten wir bedenken, dass wir weiterhin die gesamte Körpersprache des Pferdes wahrnehmen müssen, um die Stimmung des Pferdes (auch bei gewünschter Verhaltensantwort), beurteilen zu können. Es wird neben dem erlernten Bewegungsablauf oder der Verhaltensantwort zusätzlich viele Hinweise zu seiner inneren Haltung über den Muskeltonus, seiner Mimik und seinem Atem zum Ausdruck bringen.

Damit unsere Kommunikation mit den Pferden nicht ausschließlich nur auf Apelle unsererseits beruht, sollten wir unser Auge für das schulen, was das Pferd in seiner artspezifischen Sprache „zu sagen" hat, um die Antworten auf unsere Frage auch zu sehen. Nur so können wir in einen gemeinsamen fairen Dialog treten, ohne das Pferd mit unserem Wissen über sein Lernverhalten auszunutzen.

Da das Pferd sich von Natur aus in einem ständigen Lern- und Anpassungsprozess befindet, ist die Grenze zwischen konditionierten Signalen und denjenigen, die es durch unsere Körpersprache intuitiv versteht, kaum zu ziehen. Sind wir nicht wachsam, ist ein Bewegungsablauf oder eine Verhaltensantwort schnell konditioniert. Das geschieht auch, wenn wir gar nicht die Absicht hatten, eine unserer Körperhaltungen, die wir z. B. in einer Tierarztbehandlung zeigen, mit einer Abwehrreaktion oder einem Ausweichen des Pferdes zu verknüpfen.

Weitere Missverständnisse, die durch inkongruentes Verhalten unsererseits und durch unbeabsichtigte Konditionierungsvorgänge entstehen, werden im folgenden Kapitel betrachtet.

Das Pferd gibt uns über den Muskeltonus, seine Mimik und seinen Atem viele Hinweise zu seiner inneren Haltung.

KÖRPER UND WAHRNEHMUNG

— *Perspektivwechsel*

WAHRNEHMUNG UND INTERPRETATION

»Errare humanum est, sed in errare perseverare diabolicum.
Irren ist menschlich, aber auf Irrtümern zu bestehen ist teuflisch.«

Philosoph Seneca
als Vertreter der stoischen Schule vor rund 2.000 Jahren

Unsere Wahrnehmung entspricht nicht immer der „Wahrheit". Oder anders: Das, was wir Wahrheit nennen, wird von Mensch zu Mensch unterschiedlich wahrgenommen. Der Grund liegt in der individuellen Informationsaufnahme- und Verarbeitung unserer Sinneseindrücke. In diesem Prozess gleichen wir Informationen mit bereits Bekanntem ab (Generalisierung) und ordnen einigen mehr Gewicht zu als anderen. Manche verändern wir sogar oder fantasieren (Verzerrung) und wiederum andere fallen uns gar nicht auf (Tilgung).[1] Alle so gefilterten Empfindungen werden am Ende zu individuellen ganzheitlichen Abbildern von Dingen oder Ereignissen zusammengefügt, denen wir einen Sinn verleihen. Das alles geschieht in einem Bruchteil von Sekunden. Deshalb kommt es uns so vor, als ob unsere Sinne immer exakt das aufnehmen, was in unserem Umfeld gerade geschieht. Es ist also nur verständlich, dass es in diesem Prozess zu Fehleinschätzungen kommen kann, die zu Missverständnissen in der Kommunikation führen, auch wenn wir uns die größte Mühe geben, alle Details wahrzunehmen. Irren ist eben menschlich.

Um nun nicht auf unseren Irrtümern zu bestehen und womöglich auf unfaire Art und Weise voreingenommen zu sein, ob in der individuellen Wahrnehmung und Interpretation der Raumsprache oder im Einsatz unserer Gestik, hilft es, typische Wahrnehmungsfallen zu kennen und sich in jedem Moment erneut zu fragen, warum das Pferd auf die gezeigte Art und Weise reagiert. Dafür müssen wir verstehen, welche Faktoren das Verhalten des Pferdes beeinflussen können und wir müssen uns darüber bewusst sein, dass Verhalten nie monokausal, sondern immer nur multikausal erklärbar ist. D. h., sowohl proximate Ursachen, zu denen u. a. neurologische, hormonelle und physiologische (innere) Bedingungen zählen, spielen hier eine Rolle, als auch die ultimativen (äußere) Auslöser.[2] Sie haben

---

[1] Vgl. Bilgram, M. (2014): Verhalten ändern durch Neurolinguistisches Programmieren: Von der Theorie zur Praxis. Hamburg: Diplomica. S. 7ff.

[2] Vgl. Neugebauer, G. M., Neugebauer, J.K. (2020): Lexikon der Pferdesprache. Neue Wege zur artgerechten Kommunikation. Stuttgart: Ulmer. 2. Auflage. S. 6.

ihren Ursprung vorwiegend in evolutionsbiologischen Zusammenhängen, die das Entstehen von bestimmten Verhaltensweisen sowie das Lernverhalten durch Anpassungsprozesse begünstigt haben.
Schauen wir uns dazu einige von uns beeinflussbare Situationen an, in denen Wahrnehmungsprozesse und deren Bewertung zu Irritationen in der Kommunikation führen. So sollen noch einmal einige Aspekte unserer eigenen Körpersprache und unserer Emotionen in der Kommunikation mit dem Pferd verdeutlicht und analysiert werden und uns einen tieferen Eindruck von der Situation geben.

BEISPIEL RAUMSPRACHE

»Der Standpunkt macht es nicht, sondern die Art, wie man ihn vertritt.«

Theodor Fontane, deutscher Schriftsteller, 1819–1898

UNBEABSICHTIGTER RÜCKZUG

Wenn ich die Teilnehmenden in meinen Kursen bitte, ihr Pferd auf einer Kreislinie um sie herum bewegen zu lassen, beobachte ich häufig, dass sie aus einem ersten Impuls heraus einen Schritt rückwärts gehen. Um das Pferd in Bewegung zu setzen, treiben sie dazu in seine Richtung. Als Konsequenz aus dieser Handlung, kommt ihnen das Pferd sehr nahe, verkleinert also den Raum zwischen sich und Mensch. Nur mit viel Mühe und starkem Treiben erreichen sie es dann noch, Distanz zum Pferd aufzubauen und es in einer Kreislinie um sie herum zu bewegen. Bitte ich sie, genau zu beschreiben, wie sie sich in der Situation im Raum verhalten haben, ist es einigen nicht möglich, die eigene Bewegung im Raum zu erinnern. Andere äußern, sie hätten vorgehabt, sich in Richtung Pferd zu bewegen, oder ihre Raumposition nicht zu verändern, obwohl sie sich doch sichtbar räumlich vom Pferd zurückgezogen haben. Ihre Denkrichtung, oder besser ihr Vorhaben, stimmte also nicht mit der ausgeführten Bewegung im Raum überein.

Unsere Raumsprache ist für die Verständigung zwischen Mensch und Pferd entscheidend. Wollen wir zwischen uns und dem Pferd Raum schaffen, müssen wir uns darüber bewusst werden, an welcher Stelle wir Raum öffnen (geben) und an welcher wir ihn schließen (nehmen).

Manche Menschen kommen zu mir in den Unterricht, weil sie lernen wollen, wie sie ihr Pferd dazu bringen können, auf sie zuzukommen. Andere suchen wiederum Hilfe, weil sie ihrem Pferd ungewollt dieses Verhalten bereits beigebracht haben und das Auf-sie-Zukommen des Pferdes sie dadurch eher in Bedrängnis bringt.

Ziehen wir uns räumlich vom Pferd zurück, ob gewollt oder ungewollt, wird es eingeladen, auf uns zuzutreten und damit die Distanz zu uns zu verringern. Kommt jetzt eventuell unsererseits noch die Befürchtung hinzu, dass es zu nah kommen könnte, weichen wir noch weiter rückwärts oder treiben auch noch heftig beim Rückzug. Spätestens, wenn das Pferd direkt vor uns steht, hören wir damit auf und geben den Versuch für den Moment auf. Durch das Einsetzen und im entsprechenden Moment Auslassen der treibenden Hilfe, während wir uns räumlich zurückziehen, haben wir nun zusätzlich zu dem ungewünschten Ausgang der Situation, auch noch für ein ungewünschtes Ergebnis im Lernprozess des Pferdes gesorgt. Es erfährt durch unsere Handlungsweise, dass der unangenehme Druck der treibenden Hilfe aufhört, wenn es zügig auf uns zukommt. In der Freiheitsdressur ist dieser Prozess häufig als Trainingsmethode zu beobachten. Dort soll das Pferd auf ein bestimmtes Signal hin auf den Menschen zulaufen. In diesem Fall wird bewusst ein Reiz gesetzt. Befinden wir uns wieder in der Situation, also bei dem „Versuch“, das Pferd auf die Kreislinie zu longieren, kann Folgendes passieren: Denken wir, dass das Pferd den Fehler gemacht hat, also tatsächlich nicht adäquat auf unsere Körpersprache reagiert hat, und fangen an, es zu korrigieren, z. B. mit einer stark treibenden Geste, so entsteht eine sehr frustrierende Situation für beide Seiten. Das Pferd nimmt ein inkongruentes Verhalten des Menschen wahr, gerät in einen Stresszustand und wir sind frustriert, weil wir denken, dass es uns nicht versteht.

Treibende Hilfen verstärken im Grunde nur das, was wir mit unserer Raumsprache ausdrücken. Findet der eigene räumliche Rückzug gewollt statt, also mit dem Ziel, das Pferd in den Raum einzuladen, sollte uns bewusst sein, dass die Wahrnehmung des Pferdes für eine Einladung überwiegend durch die Raumsprache stattfindet (also Raum freigeben durch Rückzug). Eine Veränderung unserer Körperhaltung ist dadurch nicht unbedingt notwendig. Eine stark geduckte oder vorgelehnte Körperhaltung mit gleichzeitigem Rückzug, kann unser Sichtfeld für die Wahrnehmung des Verhaltens des Pferdes einschränken. Wir sollten aber immer, zumindest aus dem Augenwinkel, beobachten können, wie das Pferd auf diese „Einladung" reagiert. So können wir entscheiden, ob sein gezeigtes Verhalten, das seine innere Haltung widerspiegelt, unterstützt und gefördert werden sollte, oder ob wir die Situation noch verändern möchten. Auch eine schnelle Reaktion im Falle eines Angriffs oder einer Flucht ist so frühzeitig möglich und unangenehme oder gefährliche Situationen werden vermieden.

LÜCKENHAFTE INFORMATION

Aussagen wie „Du musst Richtung Hinterhand treiben, wenn es vorwärts gehen soll!" oder „Treibe Richtung Hinterhand, da sitzt der Motor" helfen allein nicht weiter, um ein Pferd in die gewünschte Bewegungsrichtung antreten zu lassen. Ohne weitere Ausführungen zu diesen Aufforderungen, kann sich der Gedanke entwickeln, dass wir uns einen Schritt zur Hinterhand bewegen müssen und damit entgegengesetzt zur Bewegungsrichtung des Pferdes. Das hat jedoch zur Folge, dass wir einen Teil des Raumes, den wir eigentlich beanspruchen wollen, freigeben. Nur wenn auch die Ausrichtung, Energie und die Bewegung im Raum zu der treibenden Geste passen, kann das Pferd diese mit der gewünschten Richtung beantworten. In der Weitergabe „unvollständiger Informationen" sehe ich das größte Potenzial für Missverständnisse in der Kommunikation über die Raumsprache.

EMOTIONEN

Nicht nur das Verhalten im Raum auf bestimmte Signale hin wird hier erlernt, sondern auch die innere Haltung des Pferdes zur Situation wird während des Lernprozes-

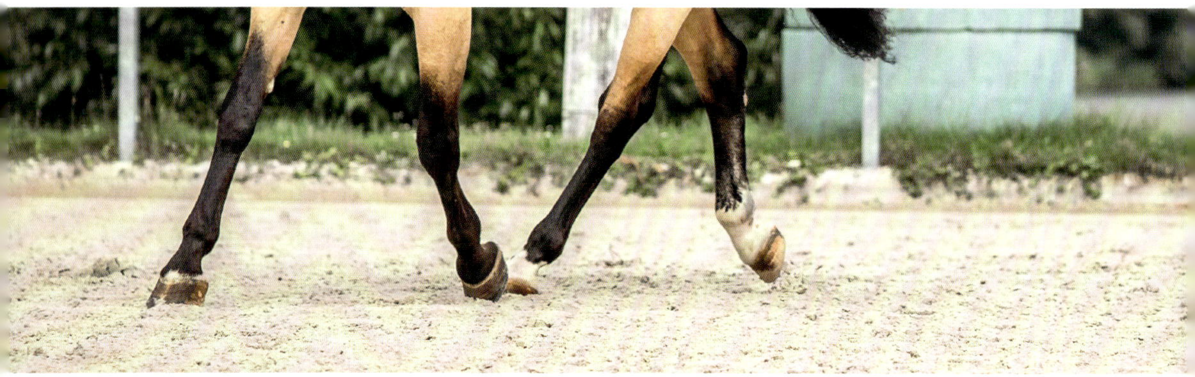

Entscheidend für die Kommunikation sind unsere Ausrichtung, Energie und die Bewegung im Raum.

ses verstärkt. Dessen sollten wir uns bewusst sein. Wenn es dann vielleicht bereits frustriert ist über die Situation, in der es sich mit uns befindet, kann diese Frustration auch in Aggression umschwenken. Durch das Auslassen der Hilfe im entscheidenden Moment wird diese womöglich noch gefördert, sodass es schlussendlich sogar zum Angriff kommen kann. So, wie es uns möglich ist, ein aggressives Verhalten zu verstärken und in diesem Fall beizubringen, ist es uns auch möglich, eine positive Erwartungshaltung zu fördern oder zu schulen.

ÜBERFORDERUNG

Ein verstärktes Treiben kann auch zur Folge haben, dass das Pferd der treibenden Geste mehr Gewicht schenkt als der Raumsprache unseres Körpers. Es nimmt den Zwiespalt in unserem Verhalten (Raum einnehmen durch treibende Geste und freigeben durch Raumöffnung) dennoch wahr und es kommt zu einer Überforderung, die sich häufig in Übersprungshandlungen wie z. B. Kopfkreisen, Kopfschlagen, Scharren oder Sich-ablegen-Wollen zeigt.

Alle diese vielfältigen Verhaltensweisen des Pferdes sind nur möglich, wenn es sich frei von mechanischer Einschränkung bewegen kann, also in der freien Arbeit ohne Equipment oder durch das Arbeiten am Kappzaum. Jede Art, das Pferd mit Zügeln auszubinden, schränkt auch immer seine Kommunikationsmöglichkeiten ein und damit die Möglichkeit, ein unverfälschtes Feedback auf unser Verhalten zu geben. Ein ausgebundenes Pferd reagiert mit der gewünschten Bewegungsrichtung eher auf treibende Hilfen und unabhängig von unserer Raumsprache, da es wie auf Schienen links und rechts durch die Zügel eingerahmt, oder seine Bewegungsfreiheit anderweitig eingeschränkt ist. So wird ihm der Weg quasi vorgegeben. Damit wird jedoch nicht dasselbe Ziel erreicht, nämlich das Pferd in einer gesunden körperlichen Ausrichtung zu unterstützen.

ZWIESPALT

Begeben wir uns noch einmal in die Situation, das Pferd auf einen Kreis schicken zu wollen. Ob es dabei in eine Longe eingeschnallt ist oder sich ohne Equipment in einem abgetrennten Raum um uns herum bewegt, ist dabei nicht entscheidend. In manchen Situationen beobachten wir, dass ein Pferd trotz einer stimmigen Raumsprache (räumlich immer gleicher Abstand zum Pferd oder Raum einnehmen, um es zu animieren, noch weiter auf Distanz zu gehen) dennoch stetig die Distanz zum Menschen verkleinert. Der Grund hierfür könnte in unserer inneren Haltung zu finden sein und hat mit einer Inkongruenz von Intention und Vorhaben zu tun. Auch ein innerer Rückzug, z. B. durch eine Unsicherheit gegenüber dem Pferd verursacht, kann unsere Körperhaltung und den Muskeltonus beeinflussen, sodass es dieser „Haltung" mehr Bedeutung zumisst, als unserem Raumverhalten. Fügen wir dieser Situation wieder eine treibende Geste hinzu, z. B. mit einer Peitsche, wird es seine Verwirrung über die Inkongruenz in unserer Körpersprache wiederum mit Frustration oder Übersprungshandlungen zum Ausdruck bringen. Es kann echte Souveränität von gespielter sehr gut unterscheiden.

☞ EINE MÖGLICHKEIT, EIN PFERD AUF DISTANZ ANTRETEN ZU LASSEN

01

Werden Sie sich darüber klar, welches Körperteil des Pferdes sich in welche Richtung bewegen soll.
Beginnen Sie frontal vor dem Pferd.
Entweder Sie stehen schon in einem Abstand von mind. 1,5 m zum Pferd oder Sie schicken es jetzt für ein paar Schritte rückwärts, ohne sich dabei mitzubewegen, damit Abstand entsteht. Richten Sie dabei Ihren Blick als treibende Hilfe in Richtung Brustmuskulatur, nicht Richtung Kopf. Denken Sie ans Raumeinnehmen und nicht daran, sich Raum „erkämpfen" zu wollen.

02

Verschieben Sie die Schulter des Pferdes um 90 Grad nach links oder rechts, die Hinterhand bleibt dabei räumlich an der gleichen Position wie zuvor im Stand.
In diesem Beispiel bewegt sich das Pferd aus unserer Perspektive nach links.

Drehen Sie sich nun minimal mit der Schulter in die Richtung auf, in die das Pferd antreten soll.

03

Treiben Sie nun, ohne Ihren Körper im Raum und Ihre Ausrichtung zu verändern, in Richtung Hinterhand.
Bleiben Sie an einer Stelle stehen und drehen sich auf der Stelle, wird das Pferd den gewünschten Abstand auf der Kreislinie halten. Bewegen Sie sich mit in Bewegungsrichtung des Pferdes und laufen parallel zu ihm auf einer Linie, können Sie sich gemeinsam mit dem immer gleichen Abstand von A nach B bewegen.
Ihre innere Haltung sollte dabei stets positiv sein, auch wenn Sie einmal mehr Energie einsetzen sollten.

04

Morla versteht die richtungsanzeigende Geste …

… und folgt der Zeigerichtung mit ihrem Blick.

BEISPIEL GESTE

Wenn wir eine Richtung anzeigen oder vorgeben wollen, gehen wir davon aus, dass unser menschliches Gegenüber unserer richtungsanzeigenden Geste, dem ausgestreckten Arm mit einem eventuell ausgestreckten Zeigefinger, mit den Augen folgt. Es weiß dann, welche Richtung wir meinen. Hunde z. B. verstehen auch sehr schnell, was unsere richtungsanzeigenden Gesten zu bedeuten haben. So weiß meine Hündin Morla durch meinen Hinweis auf die Richtung genau, hier in dem Fotobeispiel zu sehen, unter welcher Schale das Futter versteckt ist. Wie im Kapitel „Die Geste als fremde Sprache“ beschrieben, kann es jedoch bei unseren Pferden in dieser Situation zu Missverständnissen kommen.

Sind wir es gewohnt, stark zu gestikulieren und uns mit den Händen verständlich zu machen, ist es sinnvoll, Arme und Hände einmal ganz passiv werden zu lassen und sich vermehrt auf die Ausrichtung von Schultern und Hüfte im Verhältnis zum Raum und zum Pferd zu fokussieren. Ohne weitere Missverständnisse zu provozieren, können wir so ohne zeigende Gesten unserer Arme Richtungen „anzeigen“, indem wir einen Raumbereich freigeben und wiederum einen anderen schließen.

Versteht unser Pferd eine Geste nicht, sollten wir zuerst überlegen, wie die Geste aus der Perspektive des Pferdes aussehen mag und dann, was diese auf der Basis seiner artspezifischen Möglichkeiten in ihm auslösen könnte. Überlegen Sie, von welchem Bereich Ihres Körpers am meisten Energie ausgeht und in welche Richtung das Pferd auf Grund seines natürlichen Fluchtverhaltens weichen würde. Haben wir die Situation erkannt, können wir unsere Körpersprache nun anpassen, indem wir nur leicht die eine Schulter in die Richtung öffnen, in die es gehen soll und mit der anderen den Raum schließen, den wir einnehmen wollen.

Stimmt unsere Körperausrichtung, ist es jetzt möglich, eine zusätzliche mit einem Arm ausgeführte richtungsanzeigende Geste zu etablieren. Strecken wir unsere Arme während wir frontal vor dem Pferd stehen mit gleicher Intensität zu beiden Seiten aus, scheint der Weg nach links und rechts versperrt. Dem Pferd bleibt nun nur noch die Richtung nach hinten oder oben, um auszuweichen. Weicht es nach oben aus, also steigt mit der Vorhand aufwärts, tut es dies in diesem Moment lediglich, um dem von vorne kommenden Druck auszuweichen. Diese Reaktion sollten wir nicht als einen Angriff werten. In den seltensten Fällen entsteht durch die Einengung durch den Menschen tatsächlich die Intention für einen „Gegenangriff", sondern eher das Bedürfnis, sich durch weiteren Rückzug schützen zu wollen, der in diesem Fall dann „nach oben" verläuft, um dem Menschen auszuweichen. Passiert es dennoch einmal, dass es steigt, sollten wir nicht versuchen „den Kampf zu gewinnen", sondern sollten noch einmal alles auf den Beginn zurückfahren, durchatmen und unsere gesamte Körpersprache überdenken. Mit dem nötigen Abstand, um im Falle eines Steigens nicht versehentlich mit der Vorhand getroffen zu werden, erklären wir dem Pferd dann – ohne erhöhte Druckintensität – welche Richtung wir ihm freigeben möchten.

01

02

01 Die richtungsanzeigende Geste wird hier vom Pferd so interpretiert, dass sie es in die entgegengesetze Richtung ausweichen lässt.

02 Verschließen wir den Weg, den das Pferd wählt, z. B. durch die Gerte, bleibt ihm ausschließlich die Richtung nach oben offen.

BEISPIEL ERLERNTES VERHALTEN

Reagiert ein Pferd vermeintlich aus dem Nichts oder es wird als übereilig oder überambitioniert betitelt, kann die Ursache darin liegen, dass es längst unseren kompletten Bewegungsablauf verstanden hat, der beispielsweise dem Gertensignal vorausgeht. Unsere Wahrnehmung bringt uns aber zu der Annahme, dass es ausschließlich das tatsächliche Signal der Gerte versteht (visuell oder touchierend). Die Reaktion des Pferdes erfolgt jedoch schon kurz nachdem die Bewegung, aus der das Gertensignal werden soll, angefangen hat – häufig schon dann, wenn wir nur an sie gedacht haben und uns gar nicht bewusst ist, dass unser Körper die Bewegung bereits eingeleitet hat. Wenn dieses sensible und durchaus intelligente Verhalten des Pferdes jedoch zu Schwierigkeiten in der Kommunikation führt, können wir dem Pferd beibringen, unsere Bewegungen abzuwarten und erst auf ein deutlicheres Signal von uns zu reagieren. Ein vorheriges sanftes Ablegen der Gerte auf seinem Rücken kann eine Zwischenstation sein, bevor wir das eigentliche Signal geben (siehe Seite 35 „Lernvorgänge verstehen"). Vorab üben wir das Stillstehen oder Abwarten durch das Ablegen der Gerte, erst dann das Seitwärts-von-uns-Wegtreten oder Auf-uns-Zukommen. Diese Übung ist einerseits sinnvoll, um das Pferd seitwärts an eine Aufstiegshilfe herantreten zu lassen, um rückenschonend aufsteigen zu können. Andererseits kann sie Sinn machen für die biegende „Arbeit an der Hand", mit der wir Einfluss auf die Position der Kruppe oder Schulter nehmen. Reagiert das Pferd jedoch schon bei der kleinsten Bewegung unseres Arms und „glaubt zu wissen", was wir vorhaben, kann das im Training zu Stress führen. Es führt dann Übungen und Lektionen aus, die gar nicht in unserer Absicht lagen. In einem solchen Moment sollten wir das Verhalten nie durch ein Abbruchsignal korrigieren, sondern ruhig diejenige Bewegung ausführen, die wir vorhatten auszuführen und diese wenn nötig wiederholen.

In jeder Art von Interaktion mit uns kann es passieren, dass wir dem Pferd Verhaltensweisen beibringen, die dem Normalverhalten des Pferdes widersprechen. So tauchen dann natürliche Verhaltensweisen außerhalb des Kontextes auf, in dem sie normalerweise anzutreffen sind. Wenn es beispielsweise gelernt hat, auf ein bestimmtes Signal hin den Kopf zu schütteln, wird es dieses Verhalten, welches es ursprünglich zur Moskitoabwehr oder zum Abschütteln von Fremdkörpern aus den Ohren eingesetzt hat, nun auch in einem anderen Kontext zeigen. Ebenso das Gähnen oder Scharren auf Kommando macht es uns schwer, sein tatsächliches Empfinden zu beurteilen, da es die eigentlich natürliche Verhaltensweise nicht aus der ursprünglichen Intention heraus zeigt. Was vorher vielleicht ein eindeutiger Anzeiger für Stress war (das Pferd scharrt als Übersprungshandlung) tritt jetzt gehäuft auf, um ein Lob oder eine Futterbelohnung zu erreichen. Soll das Scharren nur ein Zwischenschritt im Lernprozess zum Spanischen Gruß oder Spanischen Schritt sein und wird in Form und Qualität stetig verbessert, wird sich auch das bis dahin gehäuft auftretende Scharren wieder reduzieren. Jedoch nur, wenn das System, wann wir Lektionen abfragen und wie wir sie beenden, eindeutig ist.

Das Erlernen des Spanischen Grußes oder des Spanischen Schrittes kann ohne Klarheit und Struktur im Training zu einer Häufung des Verhaltens „Scharren" als Stressbewältigung führen (Übersprungshandlungen).

Wir sind es, die unser Handeln hinterfragen müssen, um den „Kreis der Gewalt" zu durchbrechen.

WAHRNEHMUNG UND VERANTWORTUNG

HERZENSBILDUNG

Um das Verhalten des Pferdes zu verstehen, müssen wir uns die Mühe machen, alle nur möglichen Gründe, die zu einem Verhalten beigetragen haben könnten, für unsere Einschätzung der Situation in Betracht zu ziehen. Zugleich müssen wir unsere eigene Wahrnehmung der Situation stetig überprüfen. Ebenso wichtig ist es auch, Aspekte unserer inneren Haltung, die zur Entwicklung unseres Verhaltens gegenüber dem Pferd beigetragen haben, wahrzunehmen, sie zu analysieren und zu hinterfragen. Das alles ist nötig, wenn wir in einen fairen Dialog mit ihm treten wollen.

Wir sollten uns also folgende Fragen stellen:

— Was veranlasst uns dazu, uns in einer Situation mit dem Pferd auf eine bestimmte Art und Weise zu verhalten und nicht anders?
— Welche Erkenntnisse aus der Beantwortung dieser Frage helfen mir, das Verhalten des Pferdes wahrzunehmen und zu verstehen?
— Sind die Konsequenzen, die ich aus einem bestimmten Verhalten des Pferdes ziehe, fair?

Viele Missverständnisse, die ich in der Kommunikation zwischen Menschen und Pferden erlebe, sind auf die individuelle

»Der untrüglichste Gradmesser für die Herzensbildung eines Volkes und eines Menschen ist, wie sie die Tiere betrachten und behandeln.«

Berthold Auerbach, deutscher Kulturpolitiker und Schriftsteller, 1812–1882

Wahrnehmung und die individuelle Interpretation dieser Wahrnehmung einer bestimmten Situation zurückzuführen, genauso wie wir es in der zwischenmenschlichen Kommunikation erleben. Welche individuellen Konsequenzen wir aus unserer Wahrnehmung ziehen, ist geprägt von unserer Sozialisation und durch kulturelle Besonderheiten. So entstehen unsere Ideen für unser Miteinander und wie wir Verantwortung füreinander übernehmen wollen.

In unserem Kulturkreis hat sich die Erkenntnis, dass körperliche und seelische Grausamkeiten gegenüber Kindern einen Machtmissbrauch von Erwachsenen darstellen, erst spät durchgesetzt. Und so kommt es, dass zwar in jedem pädagogischen Ratgeber der pädagogische Wert einer gewaltfreien Kommunikation herausgestellt wird, wir aus Untersuchungen und aus dem eigenen Umfeld aber wissen, dass viele der Erwachsenen körperliche Züchtigungen immer noch als ganz normales Erziehungsmittel sehen. Schläge oder hier und da ein Klapps, um ein Verhalten zu korrigieren oder die eigene Macht zu demonstrieren, scheinen also noch weitestgehend akzeptiert. Befinden wir uns mit unserer Einschätzung einer Situation und unserem pädagogischen Verständnis in einem solchen veralteten Erziehungsmuster, in dem Schläge und andere körperliche Strafen als legitimes Mittel betrachtet werden, ist die eigene Bereitschaft, körperliche Gewalt gegen „kleine" Menschen anzuwenden zumindest wahrscheinlicher. Auch der Schritt, Gewalt beim eigenen Tier anzuwenden, liegt dann nahe. Kein Wunder, dass Schläge auch im Umgang mit den Pferden nicht selten noch geduldet oder als notwendig empfunden werden, obwohl wir doch inzwischen wissen, dass Pferde fühlende Lebewesen sind. Wir sind es, die unser Handeln hinterfragen müssen und diesen Kreis durchbrechen können.

Erziehung durch Strafe – so schädlich sie für die Psyche des Menschen ist, so schadet sie auch der Psyche der Pferde, von den körperlichen Schmerzen und Schäden, die ihnen dabei zugefügt werden, einmal ganz abgesehen.

Was erleben wir im Verhalten eines Pferdes eigentlich als respektlos und ungehorsam? Ist es „ungehorsam", weil wir der Meinung sind, es widersetzt sich dem Willen eines höher gestellten Lebewesens, also uns? Aber entspricht unsere Einschätzung seines Verhaltens überhaupt der Wahrheit oder ist es doch eher unsere subjektive Wahrnehmung und unsere Haltung, die uns zu diesem Schluss kommen lassen? Wenn wir uns bewusst machen, wie vielfältig die Gründe für das jeweilige Verhalten des Pferdes sein können und unsere eigene Haltung und unser Handeln ehrlich hinterfragen, haben die Begriffe Ungehorsam und Respektlosigkeit im Zusammensein mit dem Pferd keinen Platz mehr.

SPURENSUCHE

Es spricht nichts dagegen, gewisse Regeln oder Verabredungen für die Begegnung mit dem Pferd umzusetzen. Entscheidend ist jedoch, wie wir das tun und wie wir uns verhalten, wenn das Pferd eine von uns gesetzte Grenze überschreitet oder auf eine Hilfe nicht wie gewünscht reagiert.
Ein erster Schritt zur Optimierung der Kommunikation im Hinblick auf ein unerwünschtes Verhalten ist es, dem Grund des Verhaltens in der bestimmten Situation auf die Spur zu kommen. Was könnte der Anlass zum Konflikt gewesen sein?

Ist es möglich, dass …
— eine Ausbildungslücke existiert, weswegen das Pferd nicht so reagieren kann, wie wir es von ihm erwarten?
— unpassende Hilfen auf das Pferd einwirken oder auch eine Hilfe einer anderen widerspricht?
— das Pferd Schmerzen hat oder pathologische Probleme, verursacht durch eine Krankheit?
— ein Bewegungsmangel durch Mängel in der Haltung besteht?
— eine Aufgabe das Pferd psychisch oder physisch überfordert – Sie fordern womöglich Unmögliches?
— es eine unangenehme Erfahrung gemacht hat, in der es die Situation mit genau diesem Verhalten lösen konnte?
— …

IM AUGE DES BETRACHTERS

Wenn ich mich in der Pferdewelt umschaue, frage ich mich immer wieder, warum im Umgang mit den Pferden die empfundene Legitimation, Gewalt anwenden zu dürfen, immer noch so groß ist. Um das eigene Gewissen zu beruhigen, wird der Begriff Gewalt in seiner Definition gestreckt, gedehnt und verzerrt, bis er so weit gefasst ist, dass es wieder möglich ist, Gewalt anzuwenden, ohne sie tatsächlich als diese betiteln zu müssen. Auch das Tierschutzgesetz lässt leider sehr viel Spielraum für Interpretation, sodass eine Strafverfolgung erschwert wird und eine Bestrafung nur bei wirklich grober Gewalt, den nötigen Beweisen und der Einschätzung mehrerer Gutachtenden möglich ist.

Pferdesport ist kein Kampfsport!
Wo Gewaltanwendung beginnt, liegt also immer in der subjektiven Betrachtung desjenigen, der sie anwendet oder beobachtet. Diese ist geprägt von den eigenen Erfahrungen und dem Verständnis von Recht und Unrecht. Und so wird in diesem Moment jeder Mensch, der diesen Text liest, eine andere Idee dazu haben, an welchem Punkt für ihn Gewalt im Umgang mit dem Pferd beginnt.
Häufig finden Gewaltanwendungen aus der Not heraus statt, wenn sich jemand nicht anders zu helfen weiß, also in Überforderungssituationen. Diese können viele Gründe haben, von sportlichem und gesellschaftlich empfundenem Leistungsdruck bis hin zur Kompensation der eigenen Machtlosigkeit bei aktuellen persönlichen Problemen, indem Macht demonstriert wird. Aber auch schlicht die eigene Angst vor dem Pferd kann ein Anlass sein. Viele kennen in diesen Überforderungssituationen keine andere Handlungsoption als diejenige, die sie in ihrer eigenen Erziehung erfahren haben und vielleicht auch billigen. So ist die Hemmschwelle mancher Menschen, ein Pferd körperlich zu maßregeln, leider sehr stark herabgesetzt. Viele erkennen auch nicht, wie sehr das Pferd bereits leidet, was nicht zuletzt an der mangelnden Schmerzlautäußerung der Pferde liegen mag. Wäre die Schmerzintensität oder das psychische Leid der Pferde für diese Menschen ersichtlicher, eindeutiger, „lauter“, wären mit Sicherheit auch sie bereit, ihre Trainings- oder Umgangs-

methoden anzupassen, denn in den seltensten Fällen möchte der Mensch dem Pferd tatsächlich schaden.
Doch was ist die Konsequenz aus unserem Verhalten, was erreichen wir durch Gewalteinwirkung?
Missbrauchen wir beispielsweise Hilfen am Pferd, die eigentlich als Unterstützung dienen sollen, indem wir ein sanftes Touchieren hemmungslos zu einem Schlag mit der Gerte ausarten lassen, verursachen diese Gertenreize (Gertenhilfen) in diesem Fall Schmerzen. Allein die Angst vor dem Schmerz würde unsere Hilfe nicht mehr ihren Zweck des „Helfens" erfüllen lassen, sondern zu einem Strafreiz werden. Vermeiden Sie deshalb in jedem Fall bewusst eingesetzte Strafreize. Die Lernbereitschaft des Pferdes wird sich nicht steigern, dafür aber die Motivation, Ihnen ausweichen und Sie meiden zu wollen. Auch führt ein Strafreiz nicht zu dem gewünschten Lernziel, sondern kommentiert höchstens die eigene Frustration und die Unfähigkeit, sich selbst zu kontrollieren. Auf körperliche Strafe im Training zu verzichten, heißt jedoch nicht, dass wir nicht konsequent in unserem Verhalten gegenüber dem Pferd sein dürfen und klare Grenzen, z. B. für unseren eigenen Raum, definieren dürfen.

FAIRE KONSEQUENZEN

Doch wie reagieren wir nun, wenn das Verhalten des Pferdes nicht unseren Vorstellungen oder Erwartungen entspricht?

EIN BEISPIEL

Um für die eigene Sicherheit sorgen zu können, ist es für das Pferd wichtig, Gefahren rechtzeitig zu erkennen und im Fall der

Loben Sie mit der Stimme und indem Sie jeglichen Druck aus Ihren Hilfen nehmen, wenn das Pferd seine Aufmerksamkeit und Neugier auf ein Objekt richtet, welches es zuvor verunsichert hat.

Hohe Energie und viele Reize, dazu Bewegungseinschränkung veranlassen den jungen Hengst Brujo in die Richtung zu treten, von der am meisten Druck/Energie ausgeht …

Fälle flüchten zu können. Kann es dieses grundlegende Bedürfnis nicht ausleben, kommt es zu Abwehrreaktionen. Wenn diese dann als Ungehorsam eingeschätzt werden und das Pferd dafür gestraft wird, verstärkt sich seine Angst oder es wird so stark eingeschüchtert, dass es lernt, sich selbst nicht mehr helfen zu können. In der Folge zeigt es ein eher apathisches Verhalten mit stark eingeschränktem Neugierverhalten (Erlernte Hilflosigkeit)[3]. Doch nur die Neugier hilft ihm, eine Situation selbst einschätzen und lösen zu können.

Aussagen wie „Sein Verhalten kam aus dem Nichts", „Es ist unberechenbar", „Es reagiert übertrieben, wahllos und ohne Grund" deuten auf eine subjektive, nicht hinterfragte Wahrnehmung der Situation hin. Diese hat nichts mit der tatsächlichen Situation zu tun und steht einer Lösung des Konflikts im Wege. Es gibt immer einen Auslöser oder Grund für ein vermeintlich unerklärliches Verhalten des Pferdes. Mit den Möglichkeiten unserer Wahrnehmung können wir diesen nur nicht immer erkennen. Das können Geräusche sein, Schatten, Lichtflecken, Veränderungen des Bodens, Gerüche, ein Schmerzreiz, der ohne äußerliche Einwirkung auftritt und vieles mehr. Auch wir selbst können das Pferd mit unserer Einwirkung erschrecken oder in einen Fluchtmodus versetzen, indem wir in einer schon angespannten Situation mit einer weiteren Einwirkung „das Fass zum Überlaufen bringen".

[3] Vgl. Hall, C. et al. (2007): Is there evidence of „Learned Helplessness" in horses? Proceed. 3rd Int. Equitation Sci. Conf., Mi, USA, 3.

Werden wir feinfühliger für die Dosierung der von uns gesetzten Reize und kommentieren ein weiteres Auftreten des unerwünschten Verhaltensmusters nicht, wird dieses in seiner Häufigkeit abnehmen.

Wie können wir also reagieren?

- Nehmen Sie jeglichen Druck aus dem Moment heraus, den Sie eventuell noch durch Ihre Köpersprache geben. Verlängern Sie dafür beispielsweise Ihren Ausatem, um Ihren Muskeltonus zu senken.
- Zwingen Sie Ihr Pferd nicht, sich mit der Quelle der Angst noch im selben Moment auseinanderzusetzen oder ihr sogar nahe zu kommen.
- Ist der erste Schreckmoment vorbei, wird das Pferd sich natürlicherweise mit der Quelle der Gefahr beschäftigen wollen. Hindern Sie es nicht daran, sein Neugierverhalten auszuleben. Je mehr Neugier die Pferde zeigen, desto mutiger und schneller können sie neue und für sie gefährliche Situationen einschätzen und als ungefährlich ausmachen.
- Loben Sie mit der Stimme und indem Sie jeglichen Druck aus Ihren Hilfen nehmen, wenn das Pferd seine Aufmerksamkeit und Neugier auf den Grund für seinen Schrecken richtet.
- Möchte Ihr Pferd aus der Situation heraus einfach nur flüchten, versuchen Sie seine Aufmerksamkeit wieder zur Gefahrenquelle zu lenken und lassen Sie es so zu dieser positionieren, dass sein Körper so wenig Angriffsfläche wie möglich für den Schreckreiz bietet (frontal zur Gefahrenquelle). Das entspricht dem Schutzbedürfnis des Pferdes. Atmen Sie dort gemeinsam aus und verweilen dort. Es geht nicht darum, jedes Mal sofort die Gefahrenquelle erreichen oder die Angst des Pferdes sofort besiegen zu können. Es geht vielmehr darum, welches Gefühl Sie Ihrem Pferd vermitteln, wenn es Angst

hat. Entweder lernt es, dass Sie ihm helfen, mit der Angst fertig zu werden und die Situation mit Ihnen viel weniger gefährlich ist als ohne Sie, oder es lernt, dass Sie in einer Gefahrensituation alles nur noch gefährlicher machen.

— Überprüfen Sie alle bereits aufgelisteten möglichen Gründe, weswegen das Pferd so reagiert haben könnte.

Mir kommen in einem solchen Moment, in dem Pferd und Mensch schnell überfordert sein können, die Worte von Linda Tellington-Jones in den Kopf. Sie hat das, was ich hier versucht habe zu beschreiben, mit simplen Worten auf den Punkt gebracht. Ich habe sie gefragt, was für sie pferdegerecht sei. Es sprudelte nur so aus ihr heraus in dem Bedürfnis mir zu erklären, was es für sie

Durch Neugierde die Unsicherheit überwinden …

bedeutet, fair mit den Pferden zu arbeiten. Sie bezog sich dabei auf eine Trainingssituation, in der es nicht so gut lief, wie sie es sich gewünscht hatte. Der mir besonders in Erinnerung gebliebene Satz lautete sinngemäß etwa so:

„Wenn das Pferd nicht versteht, was du von ihm willst, mache einen Stopp – atme einmal tief durch und denke einen Moment nach. Frage dich, wie du es ihm so beibringen kannst, dass es versteht, was du von ihm willst und warum du es von ihm willst."

Unsere Ungeduld, den gewünschten Ausgang einer Situation noch im Moment des Missverständnisses erzwingen zu wollen, ist sicherlich das größte Problem bei der Lösung eines Konflikts.

NATÜRLICHER KONFLIKT

Es gibt keinen Grund, körperliche Gewalt anzuwenden. Oder etwa doch? Was ist, wenn unser Leben in Gefahr ist, eine Flucht nicht mehr möglich und wir uns schützen müssen?

Was muss geschehen sein, dass ein Tier, in dessen Natur es liegt, bei Gefahr zu flüchten und nur im absoluten Notfall zu kämpfen, mit uns in eine solche Situation geraten ist? Wie viele Wahrnehmungsfehler und Missverständnisse unsererseits müssen dieser Situation vorausgegangen sein? Bevor wir uns mit den tatsächlichen Gründen für aggressives Verhalten auseinandersetzen, sollten wir uns zunächst damit beschäftigen, wie dieses Verhalten überhaupt aussehen kann. Ich erlebe immer wieder, dass der Interpretationsspielraum unendlich scheint, wenn es um die Wertung eines Pferdeverhaltens geht, besonders dann, wenn ein differenziertes Wissen über das Ausdrucksverhalten fehlt. Allein an dem Beispiel von Aggressionen wird deutlich, wie komplex ein bestimmtes Pferdeverhalten sein kann. Wir unterscheiden in diesem Kontext zwischen offensivem und defensivem Aggressionsverhalten.[4] Das offensive, eher bei ranghohen Tieren zu beobachten, äußert sich in Drohformen wie dem Attackieren, dem Hinterhandschlag mit der Absicht zu treffen, und dem Beißen. Defensives Aggressionsverhalten hingegen äußert sich eher in einem Verteidigungsverhalten wie dem Abwehren eines Angriffs durch ein Drohen mit der Hinterhand.

Die Interpretation dieses Verhaltens wird für viele Menschen oft dadurch erschwert, dass ein Drohen mit dem Kopf wie auch die Drohmimik, die Andeutung eines Bisses oder ein Drohschwingen des Kopfes, in beiden Aggressionsformen auftreten können.

Um nun die Körpersprache besser interpretieren zu können, hilft die Beobachtung der kompletten Situation, indem wir weitere Informationen hinzuziehen. So wird das Aggressionsverhalten beispielsweise auch durch die Haltungsform, den Gesundheitszustand, die Sozialstruktur und von kürzlich und auch länger zurückliegenden Ereignissen beeinflusst.

Auch auf Demuts- und Beschwichtigungsgebärden sollten wir unmittelbar reagieren, damit das Pferd in seinem Bedürfnis, sich selbst zu verteidigen, kein Aggressionsverhalten entwickelt. Diese äußern sich u. a. in tiefer oder abgewandter Kopfhaltung, eingeklemmtem Schweif, langgezogenen Nüstern, angespannter Maulpartie und nach hinten unten positionierten Ohren. Eine angstbedingte Selbstverteidigung (defensive Aggression) ist das, was wir beispielsweise dann beobachten können, wenn wir in

[4] Vgl. Zeitler-Feicht, M. H. (2015): Handbuch Pferdeverhalten. Ursachen, Therapie und Prophylaxe von Problemverhalten. Stuttgart: Ulmer. 3. Auflage. S. 41.

Richtung Pferd Druck ausüben, ohne ihm eine Richtung zu öffnen, in die es weichen kann. Wenn es in dieser Situation anfängt uns zu drohen, tut es dies zu seiner Verteidigung. Veranlassen wir das Pferd dazu, wiederholt so zu reagieren, kann sich sein Verhalten dadurch manifestieren. Hier sprechen wir von einer erlernten Aggression.[5]

GRÜNDE FÜR AGGRESSION

Aggressives Verhalten innerhalb einer Gruppe von Pferden ist häufig dann zu beobachten, wenn es um Ressourcenverteidigung geht oder aber auch, wenn in der Gruppe ein häufiger Pferdewechsel stattfindet. Beobachten wir ein aggressives Verhalten unter den Pferden in der Natur, geht es in der Regel um Konflikte, die lösbar sind und sich nicht durch die Aggression verschlimmern. In der Begegnung mit dem Menschen ist häufig der umgekehrte Verlauf zu beobachten. Ein Konflikt wird häufig verdichtet, wächst eher und löst sich nicht auf.

Ein aggressives Verhalten gegenüber dem Menschen kann durch viele unserer Verhaltensweisen provoziert werden, wenn wir das Pferd z. B. in eine Futtererwartung bringen oder uns inkongruent verhalten. Es wird aber auch durch die Bedingungen, in denen das Pferd lebt, ausgelöst, durch die Unterdrückung artspezifischer Bedürfnisse durch Bewegungseinschränkung oder eine von den Artgenossen isolierte Haltung, um nur einige Beispiele zu nennen. Alle diese Faktoren können zu großer Frustration und in der Folge zu einem Aggressionsverhalten führen.

Gründe für ein aggressives Verhalten können aber auch pathologischer Natur sein, wie zum Beispiel Schmerzen jeglicher Art (Zahnschmerzen, Rückenschmerzen, Schmerzen im Bewegungsapparat oder auch im Verdauungstrakt usw.) oder aber es besteht ein Ungleichgewicht im Hormonhaushalt. Wie sehr diese Dysbalance Einfluss auf das Verhalten nehmen kann, habe ich erfahren, als das Pferd einer Kundin innerhalb eines kurzen Zeitraums ein offensives, aggressives Verhalten im Umgang mit Menschen und auch mit Artgenossen entwickelte. Differenzialdiagnostisch konnten einige pathologische Gründe ausgeschlossen werden. In der Prüfung des Hormonstatus zeigte sich dann der Grund für das Verhalten. Ein Tumor am Eierstock hatte den Hormonhaushalt auf den Kopf gestellt. Nach der Extraktion des Tumors fand das Pferd recht schnell zu seinem früheren Verhalten zurück.

Ist also der Grund für ein aggressives Verhalten nicht eindeutig zu erkennen, sollten wir das Problem differenzialdiagnostisch abklären, bevor wir versuchen sein Verhalten durch einen Trainingsprozess zu verändern.

Wenn wir doch wissen, dass Pferde grundsätzlich von Natur aus Konflikte vermeiden wollen und aggressives Verhalten nur genau so dosieren, dass körperliche Verletzungen weitestgehend vermieden werden, ist es möglich, Situationen besser einzuschätzen. Aus diesem Blickwinkel betrachtet, können wir zielführender für eine Optimierung der Situation sorgen, als wenn wir ein aggressives Verhalten fälschlicherweise als einen Charakterzug betrachten.

WAS TUN?

Ist es uns dennoch passiert und wir mussten uns vor einem aggressivem Verhalten schützen, bedeutet dies noch lange nicht, dass der von uns zur Verteidigung angewendete aversive Reiz (ein unangenehmes Ereignis, das eine Vermeidungsreaktion auslöst)[6], zu einem gewünschten Lernerfolg führt. Es ist auch nicht sicher, dass das Pferd dieses Verhalten nicht noch einmal zeigt. Auch wenn das

[5+6] Vgl. Zeitler-Feicht, M. H. (2015): Handbuch Pferdeverhalten. Ursachen, Therapie und Prophylaxe von Problemverhalten. Stuttgart: Ulmer. 3. Auflage. S. 41.

Verhalten eventuell dadurch weniger auftreten wird, ist seine Ursache noch nicht behoben.

Vor einigen Jahren habe ich genau das erlebt. Ich geriet in eine Konfliktsituation mit einer Stute, die bei mir im Training war. Das, was ich durch sie erfahren habe, ist ein gutes Beispiel dafür, dass ein aversiver Reiz zum Abbruch eines Verhaltens nicht dazu führen muss, dass ein Verhalten ganz ausgelöscht wird.

Froh über die Annäherung des Pferdes, das offensichtlich einiges erlebt hatte und psychisch stark belastet war, habe ich es an mir schnuppern lassen. Als es meinem Gesicht näher kam, roch es an meiner Wange, so wie ich es von meiner Stute als Begrüßungsritual gewohnt bin. Nach ein paar Sekunden intensiven Schnupperns, biss es mir, ohne, dass ich zuvor eine Stimmungsveränderung wahrgenommen hatte, in den Kiefer und hielt diesen fest. Mein Reflex in seine Richtung zu schlagen, hat mich vor Schlimmerem bewahrt und ich bin mit einem langwierigem Hämatom in meiner Wange glimpflich davongekommen.

Die Drohmimik und das Drohschwingen des Kopfes kann in beiden Aggressionsformen auftreten, im defensiven wie im offensiven Aggressionsverhalten.

Um die psychische wie physische Gesundheit nicht zu gefährden, sollte die Zeit, die ein Pferd in einer Box verbringt, so gering wie möglich gehalten und im besten Fall ganz vermieden werden.

Setzt bei einem aggressiven Verhalten des Pferdes, wie in meinem Beispiel, ein Gegenangriff in Form eines aversiven Reizes ein, brechen wir damit lediglich das Verhalten in dem Moment ab oder aber wir nehmen einen erneuten Gegenangriff in Kauf. Auch wenn es in der Folge für eine gewisse Zeit oder sogar ganz ausgelöscht ist, kennen wir noch nicht die Ursache für das Verhalten und können es somit nicht beheben. So war es auch in der Situation mit diesem Pferd. Ich konnte mir nicht sicher sein, dass es sich nicht wieder in der gleichen Weise verhalten würde. Ich wollte nicht noch einmal so handeln müssen. Ist es doch das Allerletzte, was ich einem Tier antun möchte. Mit dem Pferd einen bewusst herbeigeführten Kampf einzugehen, ist immer eine schlechte Idee und sollte moralisch hinterfragt werden.
In meiner Situation mit dem Pferd musste ich mich schützen durch Abwehr, in diesem Fall war die Reaktion legitim, sollte jedoch nie wieder passieren!
Ein erster Schritt zur Vermeidung von Konflikten, in denen es zu aggressiven Reaktionen kommt, sollte also sein, diejenigen Faktoren zu verändern, die die Aggression auslösen oder bedingen. Begeben wir uns

also wieder auf die Suche nach dem Grund für das Verhalten, wenn wir uns eine nachhaltige Lösung für uns und unser Pferd wünschen. Wir haben hier eine große Verantwortung, denn wir haben das Pferd in diese Situation gebracht und zu dieser Verhaltensantwort getrieben. Wir tragen aber auch Verantwortung für unsere eigene Sicherheit. Je mehr wir über artspezifisches Verhalten wissen, desto besser können wir eine Verhaltensantwort antizipieren und vorausschauend handeln. Wir müssen uns dann nicht mehr in gefährliche Situationen begeben und wir entwickeln zudem eine gesunde Vorsicht.

Zeigt das Pferd ein unerwünschtes Verhalten, ist es möglich, ihm einen Hinweis darauf zu geben, was ich *nicht* möchte, noch bevor es das Verhalten tatsächlich ganz ausführt. Im selben Moment weise ich es jedoch auch darauf hin, *was* ich von ihm möchte. Es findet also nie eine reine Verneinung statt, ohne den Weg der Lösung aufzuzeigen. Wer in dieser Situation zu langsam ist oder bei wem das Timing nicht stimmt, muss leider immer wieder die Erfahrung machen, dass er dem Pferd nur noch dabei zuschauen kann, wenn es tut, was es „nicht soll". Erst anschließend ist es ihm dann möglich, eine neue Trainingsstrategie zu überlegen, um das gewünschte Verhalten herbeizuführen. Auch für diese Situation gibt es natürlich Möglichkeiten, im Training ohne Strafreize und Gewalt auszukommen. Stressfreier ist es jedoch für beide Seiten, wenn wir uns mit den Verhaltensantworten beschäftigen, die wir erreichen möchten und nicht mit denjenigen, die wir nicht wollen. Ich muss mich nicht „durchsetzen" können oder besonders streng sein, um meinem Pferd etwas zu erklären. Es bedarf lediglich eines guten Timings und der Schulung der eigenen Beobachtungsgabe, um das Pferd darin zu bestärken, was ich von ihm sehen möchte. Für viele mag diese Erkenntnis eine Erleichterung sein.

Denken wir tatsächlich, wir müssen uns „durchsetzen", also einen Kampf eingehen, und gewinnen, sind wir an einem Punkt in der Kommunikation mit unseren Pferden angekommen, an dem sich niemand mehr wohlfühlen kann und sind weit weg von einem harmonischen und fairen Umgang auf der Basis von Respekt.

> *»Wer A sagt, der muss nicht B sagen. Er kann auch erkennen, dass A falsch war.«*
>
> *Bertold Brecht,*
> *deutscher Dramatiker 1898–1956*

KÖRPER IM AUSNAHME-ZUSTAND

— *Grenzerfahrungen*

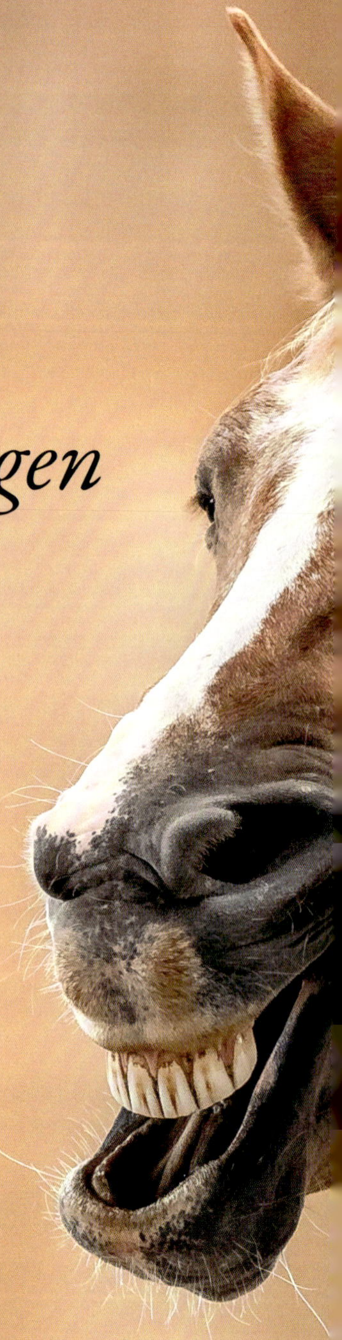

DEN BLICK SCHÄRFEN FÜR DAS WOHL

»„Geh Du vor", sagte die Seele zum Körper, „auf mich hört er nicht. Vielleicht hört er auf Dich." „Ich werde krank werden, dann wird er Zeit für Dich haben," sagte der Körper zur Seele.«

Ulrich Schaffer,
Fotograf und Schriftsteller

Ich liebe mein Leben, gerade weil ich mich immer wieder freiwillig oder auch unfreiwillig in Ausnahmesituationen wiederfinde. Sie sorgen für Abwechslung und durch sie fühle ich mich besonders lebendig. Auch wenn nicht jeder Mensch abenteuerlustig ist, gehören positiv wie negativ empfundene Herausforderungen zu unserem Leben. Es sind die Ausnahmezustände, die alles im Leben emotional ins Verhältnis setzen. Unser Körper im Ausnahmezustand befähigt uns dazu, Belastungen standzuhalten, uns anzupassen, zu überleben, indem er uns durch einen passenden Hormoncocktail Energie zur Verfügung stellt. In einer Prüfung oder in einer gefährlichen Situation hilft uns diese spontan zur Verfügung stehende Energie, die Situation zu bewältigen. Bleiben wir jedoch über einen längeren Zeitraum in einem fortwährenden Ausnahmezustand und damit auf einem hohen Stresslevel, wird dieser ungewollt irgendwann zur neuen Realität und macht uns krank. Wir reagieren mit Erschöpfungssymptomen, unser Immunsystem wird schwächer, unsere Schlafqualität leidet und unsere Konzentrationsfähigkeit nimmt stetig ab. Wir schätzen Situationen verändert ein und negative Gefühle erhalten mehr Raum. Wenn wir alle diese Anzeichen über einen längeren Zeitraum ignorieren, kommt es zu Veränderungen in unserem Verhalten bis hin zu sogenannten Verhaltensstörungen und zu einem Burn-out. Ein Burn-out bekommen wir also nicht vom einem Tag auf den anderen und auch Verhaltensstörungen tauchen nicht von heute auf morgen auf. Sie kündigen sich mit vielen kleinen oder auch eindrücklichen Hinweisen durch Wahrnehmungs-, Empfindungs-, Verarbeitungs- und Verhaltensveränderungen an und enden in einem Zustand, in dem wir zu nichts mehr in der Lage sind.

Pferde haben in Punkto Stressverarbeitung große Gemeinsamkeiten mit uns. Sie besitzen die gleichen physiologischen Regulations-

systeme für die Bewältigung von Stress und auch einige äußere Anzeichen gleichen sich, wie vermehrtes Schwitzen oder nervöse Gesten und Übersprungshandlungen. Auslöser für einen Stresszustand sind jedoch nicht immer dieselben.
So kann es auch bei den bei uns in Gefangenschaft gehaltenen Tieren dazu kommen, dass Strategien, die sie nutzen, um eine Situation zu „bewältigen", nach einiger Zeit nicht mehr ausreichen. Unsere Pferde erleiden nicht selten durch falsche Haltung, übersteigerte Trainingserwartungen oder Fehlkommunikation Burn-outs.
So werden sie genötigt, ihr Verhalten, um all das bewältigen zu können, bis ins Absurde zu verändern. Wären sie in der Lage, eine Krankschreibung einzureichen, würde uns das Ausmaß der leidenden und missverstandenen Pferde bewusst werden.

Ausnahmezustände gehören zum Leben, sollten jedoch nicht zum Dauerzustand werden.

Auch wenn unsere Tiere nicht in der freien Wildbahn gelebt haben und eingefangen wurden, leben sie in Gefangenschaft. Diesen Begriff nutze ich ganz neutral. Hier geht es um ein Lebewesen, das seinen Lebensraum nicht frei wählen kann, sondern zugewiesen bekommt. Demnach ist es gezwungen, sich anzupassen. Jedem Lebewesen ist die Fähigkeit zur Anpassung in seiner Genetik mitgegeben, diese hat jedoch ihre Grenzen. Leben Pferde in einem vorgegebenen begrenzten Raum, also in einer Situation, der sie sich nicht entziehen können, werden sie in ihrer Anpassungsfähigkeit herausgefordert.

Angesichts der Individualität der verschiedenen Pferde sollten wir unbedingt bedenken, dass je nach Persönlichkeit, ein unter Stressbedingungen gezeigtes Verhalten in der Ausführung bei jedem Pferd anders aussehen kann. Dieses müssen wir erkennen und unterscheiden lernen. Auch sollten wir nicht von unserem eigenen Empfinden auf das Empfinden des Pferdes schließen.

Es bedarf eindeutig einer guten Kenntnis aller Aspekte, die in Betracht gezogen werden müssen, um das von vielen Faktoren abhängige subjektive Empfinden des Pferdes und die daraus resultierenden Verhaltensweisen beurteilen zu können.

Es lohnt sich also, einmal genauer hinzuschauen und den Blick für das individuelle Verhalten eines Pferdes in Stresssituationen zu schärfen, aber auch für das, was uns sein Wohlbefinden anzeigt.

Haben wir alle pathologischen Gründe, die zu Stress führen und das Stressverhalten unseres Pferdes erklären könnten, ausschließen können, wie z. B. Mangelerscheinungen, Krankheiten, Verletzungen oder „Schmerzen", richten wir unseren Blick auf seine artspezifischen Bedürfnisse. Damit wir sein Wohlergehen beurteilen und gewährleisten können, ist die Beschäftigung mit diesen unumgänglich. Mit „Wohlergehen" ist nicht nur die Abwesenheit von Leid gemeint. Um für das Wohl zu sorgen und unseren Pferden ein gutes Leben zu ermöglichen, gehört es dazu, Grundbedürfnisse zu kennen und Stressoren aufzudecken.

SELBSTBESTIMMTE RHYTHMEN

Zu den Grundbedürfnissen gehören sichere Strukturen. Damit ist nicht gemeint, dass wir die tägliche Fütterung zu immer derselben Uhrzeit durchführen und damit eine Erwartungshaltung kreieren, die Stress verursacht. Vielmehr ist es die Vorhersehbarkeit wiederkehrender Strukturen, die zum Wohlbefinden beiträgt. Diese wird beispielsweise durch Haltungsformen ermöglicht, in denen eine wiederkehrende selbstbestimmte Tagesrhythmik erfahrbar wird. Ruhe- und Fressphasen, Phasen der sozialen

Wild Berry und ihr Stutfohlen Sicily in der Wildnis

Interaktion zur Festigung sozialer Strukturen durch gegenseitige Fellpflege oder Spielverhalten, haben darin ihren Platz.
Auch die Vorhersehbarkeit und damit die Einschätzbarkeit der Verhaltensantworten der Artgenossen und Menschen, ist ein entscheidender Faktor, der zum Wohlbefinden beiträgt. Meine Mustang-Stute Berry hatte, so interpretierte ich ihr Verhalten, ihren Rhythmus bei mir in Deutschland nach einigen Monaten gefunden. Ich ging davon aus, dass es ihr gut ging. Für sie gab es in ihrer neuen Situation aber noch „Luft nach oben". Als sie irgendwann anfing, auf der Weide mit den Jungpferden zu spielen und ihr Neugierverhalten stetig wuchs, wusste ich, dass sie jetzt auf dem Weg ist, sich richtig wohlfühlen zu können. Zuerst musste also neben einigem anderen, ihr Grundbedürfnis nach verlässlichen Rhythmen in der Gruppe gestillt werden, damit diese positive Entwicklung möglich war.

STABILE SOZIALSTRUKTUREN

Wir wissen, dass ein Pferd ausreichend Platz braucht, frische Luft, ein individuell angepasstes Futter und Sozialkontakte. Doch wissen wir auch, welche Pferdefreunde unsere Pferde wirklich brauchen? Ist eine Pferdegruppe mit über 15 Pferden einer intakten Viererkonstellation vorzuziehen? In welcher Lebensphase brauchen unsere Pferde, um sich wohlzufühlen, welche Gesellschaft?
Da viele Privatpersonen einzelne Pferde besitzen und das bekannte Problem der knappen Weideflächen vorherrscht, bestimmen diese Faktoren die Allgemeinsituation unserer Pferde. Wahllos zusammengewürfelte Pferdegruppen sind also keine Seltenheit und sind der genannten Situation geschuldet. Ein stabiles Sozialsystem in der Gruppe mit verlässlichen Dominanzverhältnissen, die eine Vorhersehbarkeit des Verhaltens

Ein stabiles Sozialsystem in der Gruppe mit verlässlichen Dominanzverhältnissen kann nur entstehen, wenn kein zu häufiger Wechsel innerhalb der Gruppe stattfindet.

Durch viele gemeinsame Erlebnisse kann auch das Verhalten anderer artfremder Lebewesen vorhersehbar und einschätzbar werden, ohne die eigene Sicherheit zu riskieren.

anderer Pferde in der Gruppe generieren, kann aber nur entstehen, wenn kein zu häufiger Wechsel innerhalb der Gruppe stattfindet. In Gefangenschaft lebende Tiere haben aber keine Wahl. Wir bestimmen, mit wem sie leben.
Es lohnt sich deshalb, darüber nachzudenken, wie wir Einfluss auf die bestehende Situation nehmen können, wenn wir ihr Wohl im Sinn haben. Meine Tiere, die unterschiedlicher nicht sein könnten, verstehen sich untereinander. Das war allerdings nicht von Anfang an so, sondern hat sich über die Zeit entwickelt, weil sie einen gemeinsamen Nenner haben, und das bin ich. Auch wenn ich jetzt nicht mehr 24 Stunden in ihrer Gesellschaft bin, ist die soziale Struktur erhalten geblieben. Gemeinsame Abenteuer und Erlebnisse verbinden. Auch die gemeinsame „Arbeit", die Bewältigung neuer Aufgaben, lässt sie den eigenen Platz akzeptieren und ihn ausfüllen. Als Handpferde nebeneinander hinter der Kutsche herzulaufen oder in den unterschiedlichsten Konstellationen als Hand- oder Reitpferd zu gehen, hilft dabei, eine funktionierende, sichere Struktur aufzubauen, ganz gleich, welche Rangordnungsverhältnisse sie untereinander ohne meinen Einfluss pflegen.
Wenn wir nun aber die stresserzeugenden Sozialstrukturen nicht ändern wollen oder auch nicht ändern können, ist es dringend notwendig, weitere Stressfaktoren aufzudecken und diese zu minimieren. Wir können beispielsweise die Futtersituation verbessern und deeskalieren, indem wir mehrere Fressplätze zur Verfügung stellen. Oder wir können räumliche Engpässe, in denen Konfliktpotenzial liegt, vermeiden. Sollte sich ein Pferd zur Rekonvaleszenz vorübergehend in einem abgetrennten Bereich oder in einer Box aufhalten müssen, können wir auch hier, um die Situation so optimal wie möglich zu gestalten, Anpassungen z. B. in der Fütterung und durch Sicht(-kontakt) zu Artgenossen vornehmen. Vorausgesetzt natürlich, dass die Zeit, die es dort verbringt, auf einen kurzen Zeitraum begrenzt ist.

OPTIMISTEN UND PESSIMISTEN

Auch unsere Pferde besitzen optimistische wie pessimistische Denkstrukturen. Helfen Sie Ihrem Pferd, ein Optimist zu werden!

Aus der Optimismus-Forschung wissen wir, dass auch, wenn alle Grundbedürfnisse gestillt sind, es dennoch große Unterschiede darin gibt, wie schnell das jeweilige Tier sich in einem Stresszustand wiederfindet. Ein Optimist bleibt demnach im Moment einer ungewissen Situation eher optimistisch über den Ausgang dieser, im Gegensatz zu einem Pessimisten, der eher vom Schlimmsten ausgeht. Auch für unsere Pferde kann das Glas also halb voll oder halb leer sein. Diese „Einstellung" ist jedoch durch Erfahrungslernen beeinflussbar. Deshalb spricht man in diesem Zusammenhang von Tendenzen und nicht von ultimativen Charaktereigenschaften. Wenn nun also ein Pessimist bei jeder Ungewissheit einen negativen Ausgang der Situation erwartet und sich damit in einem hohen Stresslevel befindet, stellt sich die Frage, wie wir ihm helfen können, positiver zu denken. Gehen wir davon aus, dass eine unbekannte Situation mit einem unangenehmen Ausgang für das Pferd einen negativen Einfluss auf seinen Lernprozess hat, sollte ein positiver Ausgang einer ungewissen Situation sich auch positiv auf den Lernprozess auswirken und zu einer optimistischeren Einschätzung der folgenden Situation führen.

Führt ein Pferd also eine Lektion noch nicht ganz wie gewünscht aus, können wir es dennoch, bereits während es nach der richtigen Lösung sucht, z. B. mit der Stimme, loben. So wird es darin bestärkt, dass es auf der Suche nach Lösungen ist. Die gesetzte Hilfe bleibt jedoch noch bestehen. Durch das Auslassen aller Hilfen, also einem noch größeren Lob, erklären wir ihm dann, dass es die Lösung gefunden hat. Auch mit schnell lösbaren Aufgaben verhelfen wir ihm zu einer

optimistischeren Einstellung für deren Bewältigung. Hat es nun eine positive Einstellung und ist stets optimistisch, dass es die von uns gestellten Aufgaben lösen kann, senkt sich das Stresslevel. Dadurch steigern sich die Kooperationsbereitschaft und die Motivation, neue Situationen mutig anzugehen.
Doch nicht nur unser Umgang und Training ist verantwortlich dafür, ob unser Pferd zu einem Optimisten oder Pessimisten wird.
Ist beispielsweise unserer Trainingssituation zeitnah ein negativ erlebtes Ereignis vorangegangen, wie zum Beispiel eine unangenehme Tierarztbehandlung, beeinflusst diese auch die Einschätzung des Pferdes für die Lösbarkeit der jetzt zu bewältigenden Aufgabe. Erlebt das Pferd in seinem Leben wiederholt Situationen wie diese und hat erfahren, dass es Aufgaben nicht lösen konnte und das einen eher negativen Ausgang zur Folge hatte, schrumpft sein Optimismus.
Auch ein Ausnahmezustand, beispielsweise verursacht durch eine Verletzung, anhaltenden Stress durch nicht adäquate Haltungsbedingungen oder auch hormonelle Veränderungen, kann die Einschätzung einer Situation maßgeblich beeinflussen (kognitive Verzerrung).
Machen wir uns also bewusst, aus welcher Situation wir unser Pferd gerade abholen, wenn wir ein Training mit ihm beginnen. Sein Verhalten ist dann leichter erklärbar und wir können unser Training anpassen.
Wir können Pferde also zu Optimisten machen, wenn wir die Häufigkeit von positiven Ausgängen für ungewisse Situationen erhöhen. Ihre Toleranz für ungewisse oder mehrdeutige Situationen kann so wachsen (Ambiguitätstoleranz, Ungewissheitstoleranz), auch wenn sie ein Leben mit einer eher pessimistischen Einstellung geführt haben. Mit diesem Wissen lässt sich ein Lernweg stressfreier gestalten.
Meine Erfahrung hat mir gezeigt, dass es unseren Pferden durch unsere Art mit ihnen zu kommunizieren und sie zu trainieren möglich wird und auch gelingen kann, zumindest für die Situation mit uns, eine optimistischere Einstellung zur Lösbarkeit einer Aufgabe zu entwickeln.

Mit schnell lösbaren Aufgaben verhelfen wir dem Pferd zu einer optimistischeren Einstellung zur Bewältigung dieser.

STRESS ERKENNEN

ABSURD

Die deutlichsten und damit am einfachsten zu erkennenden Anzeichen von Stress sind Übersprungshandlungen. Diese Verhaltensweisen stehen in keinem logischen Zusammenhang zur Situation. Dennoch erfüllen sie ihren Zweck. Sie wirken wie ein Ventil zum Druckausgleich und tauchen als Ersatzhandlung oder Verdrängungsaktivität auf, anstelle einer Entscheidung für einen bestimmten Ausgang einer Situation. Das englische Wort für Übersprungshandlung „Displacement activity" beschreibt dieses Phänomen anschaulich, als eine fehlplatzierte Handlung, die aus dem Kontext gerissen scheint. Pferde versuchen ihren Stress beispielsweise durch Scharren, Gähnen oder

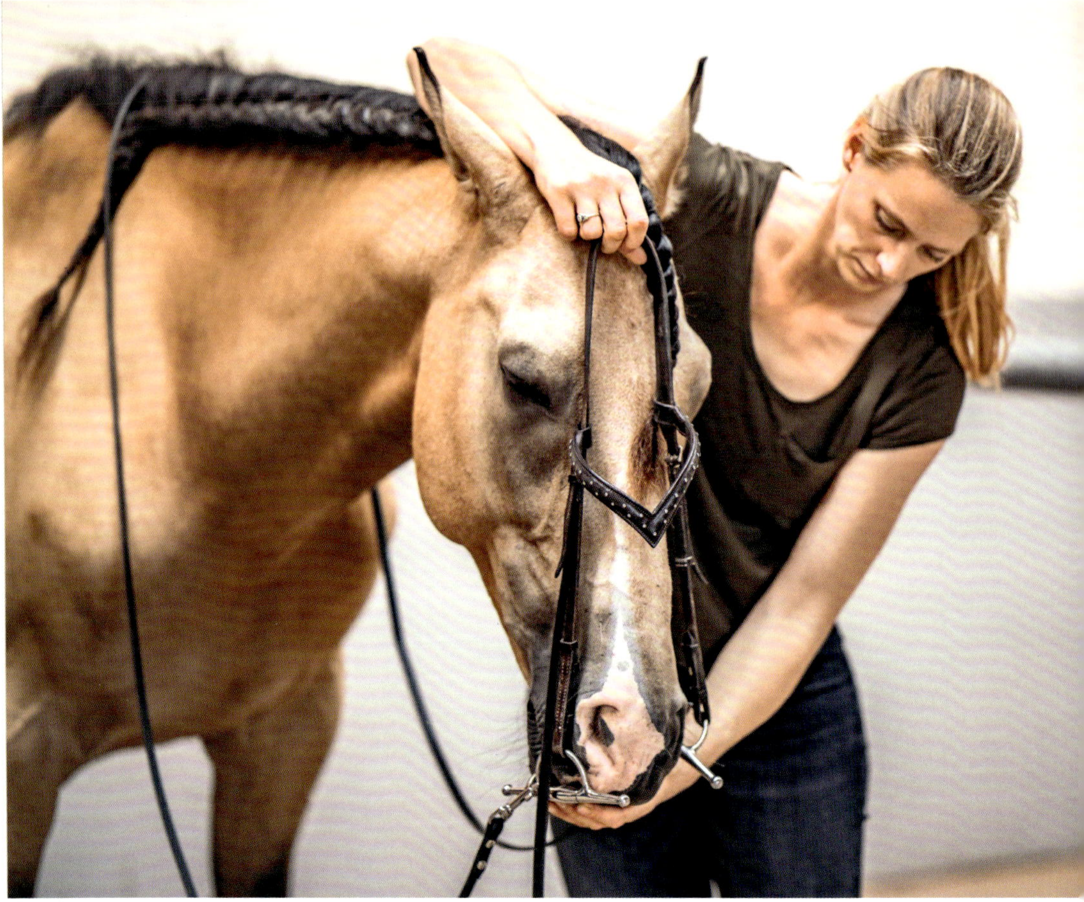

01

ein Kopfkreisen zu reduzieren, oder aber sie kratzen sich, flehmen, buckeln oder zeigen vermehrt offensive Aggressionen.
Diese Verhaltensweisen, die aus dem Repertoire des artspezifischen Verhaltens (Normalverhaltens) stammen, sind uns also aus anderen Kontexten bekannt. So kann ein Gähnen, das normalerweise zu beobachten ist, wenn eine Pferdegruppe eine Ruhephase beginnt oder beendet, plötzlich auch in Stresssituationen auftauchen. Wenn es beispielsweise einem Ranghöheren ausweichen muss, sich aber gerne anschließen würde oder aber an der gleichen Futterstelle fressen möchte, treffen zwei nicht zu vereinbarende Faktoren aufeinander (zum Futter wollen, aber weichen müssen). Das Pferd befindet sich in einem Dilemma, da beide Möglichkeiten zu handeln gleichwertig zu sein scheinen und miteinander konkurrieren. Der durch diese Situation entstehende Stress wird beispielsweise nun durch das Gähnen abgebaut. Auch im Training kann es passieren, dass das Pferd in ein Dilemma gerät und folglich Übersprungshandlungen ausführt. Nehmen wir deshalb unseren Pferden nicht die Möglichkeit, auch im Training ihr Maul so weit öffnen zu können, dass ein Gähnen möglich bleibt. Über die Häufigkeit der gezeigten Gesten erhalten wir so unmittelbar Informationen über ihr Stresslevel und können unser Verhalten anpassen.
Es gibt aber noch weitere Optionen, die wir ihm vorschlagen können, um seine Anspannung loszuwerden, beispielsweise durch Bewegung oder eine Anpassung des Schwierigkeitsgrades der gestellten Aufgabe. Fängt das Pferd zum Beispiel an, beim Abfragen einer Lektion zu scharren, reglementieren wir nicht das Scharren, sondern überdenken, an welchem Punkt die Überforderung für das Pferd seinen Anfang hatte. Stecken wir uns dann kleinere Zwischenziele, um ihm mehr Erfolgsmomente zu schenken. Senkt sich das Stresslevel in unserem Training, wird auch die Häufigkeit der Übersprungshandlungen weniger werden und wir können uns zusammen ganz auf die Bewältigung der gesteckten Aufgabe konzentrieren.

Alle diese Verhaltensweisen können sich bei anhaltendem Stress zu Verhaltensstörungen entwickeln. Bleiben Sie also wachsam für die Häufigkeit und Intensität, in der Ihr Pferd Übersprungshandlungen zeigt. Wer früh erkennt und handelt, indem er die Ursachen beseitigt und nicht nur versucht, Symptome zu behandeln, kann massive Verhaltensstörungen vermeiden und die Lebensqualität für alle Beteiligten verbessern.

02

01 Der junge Hengst Brujo hat in der Vergangenheit schmerzhafte Erfahrungen mit dem Gebiss gemacht.

02 Ein Gähnen (in diesem Fall eine Übersprungshandlung) hilft ihm, den Stress, der durch die Trensensituation ausgelöst wird, zu bewältigen. Ist der ursprüngliche Stressfaktor (Schmerz) behoben, gilt es, die Situation mit „guten Erfahrungen" zu überschreiben.

EIN SELBSTVERSUCH

Auch Ihr eigenes Stresslevel hat Einfluss auf Ihre Kommunikation mit dem Pferd. Um es besser einschätzen zu können, machen Sie einmal folgenden Versuch: Stellen Sie sich einer Person gegengenüber. Es gilt die Abmachung, nicht zu sprechen und sich gegenseitig ausschließlich nur anzuschauen. Beobachten Sie, welche Übersprungshandlungen bei Ihnen entstehen. Die Häufigkeit der Handlungen, die jetzt auftauchen, obwohl Sie nur die eine Aufgabe haben, stillzustehen und Ihrem Gegenüber in die Augen zu schauen, kann Ihnen eine kleine Idee davon geben, ab wann und wie oft Übersprungshandlungen auch bei Ihnen in Ihrer Körpersprache auftauchen.

01

02

Beispiele für Übersprungshandlungen beim Menschen:

01 Fingernägel kauen

02 Lachen

03 Gähnen

04 Am Kopf kratzen

03

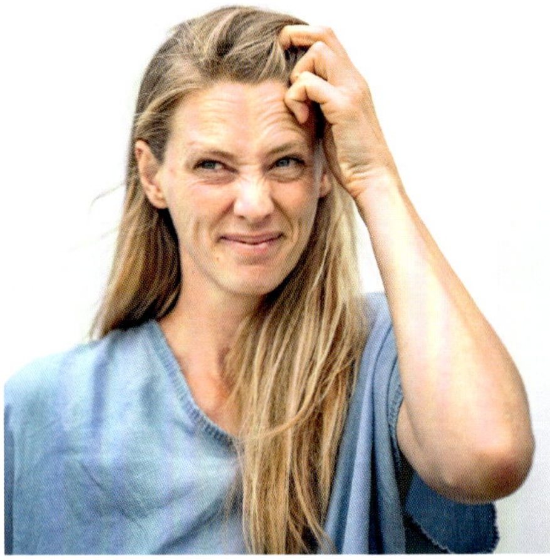

04

Bleiben Sie wachsam für die Häufigkeit und Intensität, in der Ihr Pferd Übersprungshandlungen zeigt. So erhalten Sie unmittelbar Informationen über das Stresslevel, in dem es sich befindet.

STILLES LEID

Doch aufgepasst. Nicht jedes Pferd und auch nicht jeder Mensch reagiert so offensichtlich auf Stress wie mit einer Übersprungshandlung oder anderen offensichtlichen Anpassungen in der Körpersprache. Es gibt diejenigen, die still leiden. Ihr Leid dauert häufig sehr lange, da es ungesehener ist als bei denjenigen, die ihrem Stress aktiv Ausdruck verleihen. Meine Mustang-Stute ist das perfekte Beispiel für ein Pferd, das seinen Stress in einer körperlich sehr passiven Form durchlebt (passiv coper). Das heißt nicht, dass sie auch aktive Bewältigungsstrategien besitzt. Überwiegend habe ich sie jedoch als „stille Leidende“ erlebt. In den ersten Tagen nach der Ankunft in Deutschland bei mir im Stall hat sie ihre Überforderung deutlich gezeigt, indem sie

quasi „verstummt" ist. Zwischen Fressen und Ruhen im Stehen gab es kaum weitere Verhaltensweisen. Sie hat sich weder gekratzt noch nach einer Fliege geschnappt oder diese anderweitig vertrieben. Sie zog sich in sich zurück, verlangsamte ihre Bewegungen und hatte einen apathischen Gesichtsausdruck mit nahezu geschlossenen Augen oder einen starren Blick. Überstieg der Stress jedoch ein bestimmtes Level und ihr Fluchtinstinkt war durch ein plötzliches Geräusch o. Ä. aktiviert, kämpfte sie umso aktiver um ihr Leben und zeigte ihre Angst in Abwehrreaktionen und ihre Nervosität in wildem Umherrennen. Stressverhalten kann also ganz unterschiedlich aussehen.
Dazu gebe ich Ihnen ein Beispiel aus meiner Zeit am Theater. Nervosität gehört zum Theater schließlich wie die Butter zum Brot. Es werden lautstark Witze gemacht oder Bewegungen werden hektischer, bevor sich dann alle sammeln, um sich auf den bevorstehenden Auftritt zu konzentrieren. Das ist eine Möglichkeit mit der eigenen Nervosität umzugehen. Ich jedoch werde vor Vorstellungen, Auftritten oder Vorträgen regelmäßig gefragt, ob ich gar nicht aufgeregt sei. Eine Eigenschaft in meiner Körpersprache lässt mein Gegenüber also vermuten, ich sei nicht nervös. Wenn man jedoch genau hinschaut, erkennt man auch bei mir Anzeichen von Stress. Die Stressindikatoren, die mein Gegenüber jedoch hauptsächlich kennt und auch erwartet, nämlich hibbelig sein, plappern, in den Brustkorb atmen, die Füße nicht still halten können, zeige ich nicht. Und so kann mein Verhalten fehlinterpretiert werden. Nervosität führt bei mir dazu, dass ich immer langsamer in meinen Bewegungen werde und von der latenten Anspannung und durch den erhöhten Cortisolspiegel sogar müde.
Es gibt also eine Vielzahl unterschiedlicher Verhaltensweisen, die wir bei Stress zeigen, und das nicht immer so wie manch einer sie erwartet.

Für die Einschätzung unserer Pferde gilt es also nun auch, Entspanntheit von Stress zu unterscheiden. Zu dem Ausdrucksverhalten eines entspannten, in sich ruhenden Pferdes gehört eine gewisse Ansprechbarkeit. Es reagiert mit einem lockeren Ohrenspiel auf Geräusche und hat entspannte Gesichtszüge. Dadurch, dass sein Zwerchfell entspannt ist, kann es ruhig und tief atmen. Ein erhöhtes Stresslevel kann sich u.a. in einem starren Blick äußern und es fällt auf, dass es kaum zwinkert. Der Unterkiefer ist angespannt und es hat eine flache bis kaum sichtbare Atmung, was seinen Muskeltonus zusätzlich ansteigen lässt.
Das einzige Verhalten, das häufig trügt und sich nicht so einfach interpretieren lässt, ist die Bewegungslosigkeit, die wie eine Starre aussehen kann. Diese vermeintliche Passivität können wir bei einer passiven Bewältigung von Stress beobachten wie auch bei einer „echten" Entspannung.
Um nicht in zu festgelegten Kategorien zu denken, sollten wir unser Pferd nicht entweder den aktiven oder den passiven Stressbewältigern zuordnen. Versuchen wir eher herauszufinden, bei welchem Stresslevel unser Pferd bestimmte Verhaltensweisen zeigt. Je nachdem wie es seinem Stress Ausdruck verleiht, können wir es dann bei dem folgenden Entspannungsprozess unterstützen. Zieht es sich zurück, sollten wir versuchen, es mit Bewegungsanreizen und kurzen, motivierenden Übungen aus seinem „Kokon" zu locken. Auch zu lange Pausen innerhalb der Trainingseinheit, in denen das Pferd sich innerlich zurückziehen kann, sollten wir vermeiden. Bleiben wir etwas energetischer in unserer Grundhaltung und loben zusätzlich immer wieder, wenn sich das Verhalten in ein tatsächlich entspanntes Verhalten verändert und es anfängt tiefer zu atmen. Setzen wir uns immer so viele kleine Teilziele für uns und unser Pferd, dass wir jeden einzelnen Lernschritt ohne große Mühe bewältigen können.

LEBEN IN GRENZEN

GANZ NATÜRLICH

Das ganz natürliche Verhalten des Pferdes kann auf manche Menschen sehr überfordernd wirken.
Jede seiner Reaktionen hat evolutionär gesehen jedoch einen Sinn, auch wenn einige Menschen sich manchmal wünschten, es zeigte die ein oder andere nicht. Das gilt besonders für ein Stress- und Abwehrverhalten, das den Menschen in Gefahr bringt wie das Losreißen, Treten, Buckeln und Beißen. Dieses Verhalten ist jedoch ein wichtiger Teil des Ausdrucksverhaltens unserer Pferde und gehört ins Repertoire des Normalverhaltens. Es ist auf eine missverständliche Kommunikation des Menschen zurückzuführen. Auch die Konsequenzen, die infolge von Fehlinterpretationen eines Verhaltens gezogen werden und ungesehene Bedürfnisse veranlassen unsere Pferde dazu, sich über diesen natürlichen Weg auszudrücken. Sind wir in der Lage, uns unserem Pferd verständlich zu machen und eine gute vertrauensvolle Basis für die Kommunikation zu schaffen, wird es keinen Grund mehr dafür haben, sich verteidigen zu müssen.

Regelmäßige Schlafphasen sind Grundvoraussetzung für eine gesunde Psyche und einen gesunden Körper. Wissen Sie, ob Ihr Pferd genügend schläft?

NORMALVERHALTEN

Das Normalverhalten ist das Ausdrucksverhalten, das bei frei lebenden Pferden in der Natur beobachtet werden kann. Dieses Verhalten gilt als Maßstab für Normalverhalten auch für in Gefangenschaft lebende Pferde.

UNERWÜNSCHTES NORMALES VERHALTEN

Hierbei handelt es sich um ein für den Menschen unerwünschtes Verhalten, das jedoch dem Normalverhalten des Pferdes entspricht. Dazu kann jede Art von Abwehrverhalten gehören oder das Ausführen einer Übersprungshandlung.

Möchten wir sein Verhalten besser verstehen und dazu hilfreiche Informationen gewinnen, ist eine Beobachtung über einen längeren Zeitraum und die Anfertigung eines Ethogramms sinnvoll. Hier gibt es verschiedene Herangehensweisen. Entweder wir beobachten das Pferd für einen gewissen Zeitraum und notieren die Häufigkeit und Ausführung eines bestimmten Verhaltensmusters. Oder wir fertigen ein Ethogramm über alle Funktionskreise und die Häufigkeit der Verhaltensweisen, die jeweils in diesen auftreten, an. Hier beobachten wir dann z. B., wieviel das Pferd im Stehen und im Liegen schläft, wie lange es Fellpflege betreibt, wie lange es an welcher Futterstelle frisst und mit welchem Pferd es sich in welchem Zeitraum aufhält. Wir können auch konkrete Fragen stellen, z. B. wie sich das Pferd in Konfliktsituationen mit anderen Pferden verhält.

In einer Beobachtungssituation kann unsere Anwesenheit Einfluss auf das Verhalten der Pferde nehmen. Wollen wir das ausschließen, empfiehlt es sich, eine Videoaufzeichnung zu machen. Bei dieser entgehen uns jedoch viele kleine Nuancen im Verhalten. Sie ist deshalb nur sinnvoll eingesetzt, wenn wir beispielsweise die Länge der Schlafphasen überprüfen wollen. Nachdem wir nun Kriterien für die Beobachtungssequenz festgelegt haben, notieren wir dann zunächst ausschließlich das, was wir beobachten. Keine leichte Aufgabe, denn zu gern möchten wir das Gesehene gleich bewerten. Um auszuschließen, dass der beobachtete Zeitraum mit dem, was darin geschieht, keine Ausnahme bildet und auch um Vergleichswerte zu erhalten, dokumentieren wir im gleichen Zeitraum unter möglichst ähnlichen Einflüssen auch an weiteren Tagen. Immer müssen alle äußeren Faktoren mit einbezogen

Die Anfertigung eines Ethogramms kann helfen, Verhaltensweisen systematisch zu erfassen.

werden, die der Situation eventuell einen anderen Kontext geben.
Auch in der Trainingssituation mit dem Pferd können wir unseren Fokus gezielt auf das Ausdrucksverhalten lenken und analysieren, wann gewisse Verhaltensweisen auftreten. Wir können beobachten, wie es die vorgegebenen Pausen im Training nutzt, ob es wach und aufmerksam bleibt, rastlos ist, oder sich innerhalb kürzester Zeit in sich zurückzieht.
Für mich ist es wichtig, der Entwicklung des Verhaltens und der Gefühle des Pferdes einen deutlich höheren Stellenwert zuschreiben als lediglich der korrekten Ausführung einer Lektion.

ETHOGRAMM

Ein Ethogramm ist ein wichtiges Werkzeug in der Verhaltensbiologie, die erste notwendige Voraussetzung für das Beantworten konkreter Fragen an das Verhalten einer Tierart. Für eine wissenschaftliche Untersuchung wird meist eine Auswahl von Verhaltensweisen oder Verhaltensmuster beobachtet und schriftlich oder grafisch festgehalten. Damit die so erhobenen Beobachtungsdaten sinnvoll miteinander verglichen werden können, müssen im Vorfeld Parameter und Kriterien der Beobachtung festgelegt werden. So entsteht ein Aktionskatalog, der Zusammenhänge deutlich machen kann („Wenn-dann-Sätze") und durch den Vergleich mit dem natürlichen Verhaltensinventar, Grundlage für Schlussfolgerungen ist.

DIE NATUR HAT IHRE GRENZEN

Die Grenzen der Natur liegen in den Grenzen der Anpassungsfähigkeit jedes einzelnen Lebewesens. Reizen wir die natürliche Anpassungsfähigkeit der Pferde aus, bleibt ihnen nichts anderes übrig, als krank zu werden.

Übernehmen wir Verantwortung für ein Pferd, müssen wir es uns zur Aufgabe machen, seine natürlichen Verhaltensweisen zu kennen, damit wir ein eventuell abweichendes Verhalten frühzeitig wahrnehmen können. Veränderte Verhaltensweisen sind immer ein Ausdruck von Unbehagen, Stress oder Krankheit.

Leider sind Verhaltensprobleme oder Verhaltensstörungen immer noch ein häufig ignoriertes Thema. Auch halten sich in der Pferdewelt hartnäckig viele „Glaubenssätze“, die längst widerlegt sind. Immer noch geschieht es z. B., dass Ställe keine koppenden Pferde aufnehmen, da die Befürchtung vorherrscht, die anderen Pferde könnten sich das Verhalten abschauen. Dass Pferde, die in denselben Haltungsbedingungen zuhause sind, zu gleichen Verhaltensstörungen neigen, da sie denselben kausalen Zusammenhängen ausgesetzt sind, wird dabei häufig nicht berücksichtigt.

Die meisten Pferde leben leider auch immer noch in Haltungsformen, die eine gesunde Psyche und Physiologie nicht gewährleisten können. In meinen Seminaren zur Therapie und Prophylaxe von Verhaltensstörungen meldet mir immer wieder ein Großteil der Studierenden zurück, dass ihnen nicht bewusst war, dass bestimmte von ihren Pferden gezeigte Verhaltensweisen, Störungen sind und nicht dem Normalverhalten zuzuordnen. Besonders durch eine gewisse im Alltag etablierte Routine sind sie davon ausgegangen, dass bestimmte Verhaltensweisen normal seien. Für den Ablauf des Tages

Die meisten Pferde leben in Haltungsformen, die eine gesunde Psyche und Physiologie nicht gewährleisten können. Eine Stereotypie wie z. B. das Koppen sollte niemals durch einen Strafreiz oder andere Maßnahmen unterbunden werden.

Stereotypes Lippenspiel tritt häufig in Erwartung auf die Fütterung auf und dient als Stressbewältigung.

und auch für den Trainingserfolg hatten diese auf den ersten Blick keine Bedeutung und zogen deshalb keine Konsequenzen nach sich.

Hat unser Pferd die Grenzen seiner Anpassungsfähigkeit erreicht und versucht die Situation mit einer Veränderung seines Verhaltens – und sei diese noch so klein – zu bewältigen, sollten wir diese Abweichung vom Normalverhalten erkennen können. Ein erstes Alarmzeichen ist das Auftreten eines normalen Verhaltens in einem nicht dazu passenden Kontext, der aus einem anderen Funktionskreis (Verhaltenskategorie) stammt[1] oder auch sich wiederholende Bewegungsabläufe.

In vielen Ställen sind Störungsbilder zur Gewohnheit geworden, beispielsweise die verschiedenen Verhaltensweisen in Stallgassen zur Fütterungszeit, wie Scharren, Zähnewetzen, Boxentreten, Weben oder Headshaking.

ANPASSUNGSGRENZEN

Mögliche Gründe für Verhaltensstörungen sind überwiegend in den Haltungsbedingungen zu finden durch

- Dichtestress
- Schlafmangel
- Bewegungsmangel
- Gruppenzusammenstellung
- Einzelhaltung
- Reizarme Umgebung
- Futtererwartung

[1] Vgl. Neugebauer, G. M., Neugebauer, J.K. (2020): Lexikon der Pferdesprache. Neue Wege zur artgerechten Kommunikation. Stuttgart: Ulmer. 2. Auflage. S. 9.

Der vermittelnde Aspekt meiner Arbeit hat deshalb immer zum Ziel, Missstände aufzudecken, diese sensibel zu benennen und dann gemeinsam nach Möglichkeiten der Haltungsoptimierung zu suchen. Das kann für den einen oder anderen Fall auch bedeuten, dass ein Stallwechsel unumgänglich ist.

Der Prozess von einer Bewältigungsstrategie zu einer Verhaltensstörung, die am Ende sogar irreversibel sein kann, vollzieht sich schleichend. Dabei bestehen beim Pferd wie auch beim Menschen enge Verbindungen zwischen psychischen Störungen, neurologischen und psychiatrischen Krankheitsbildern. Der Übergang von Verhaltensstörungen zu neurologischen Erkrankungen ist hier ebenso fließend. Wenn ein Verhalten in Form und zeitlichem Ablauf nahezu konstant ist, ausgeprägt repetitiv, und der Grund für die Ausführung nicht mehr zu erkennen ist, sprechen wir von einer stereotypen Verhaltensstörung. Stereotypes Verhalten kommt ausschließlich bei domestizierten und in Gefangenschaft gehaltenen Tieren vor und zeigt immer eine Bewältigungsstrategie an, also den Versuch, Stress zu mindern und sich anzupassen. Ein eventueller physischer Schaden, der durch das stereotype Verhalten entstehen könnte, wie zum Beispiel der Abrieb der Zähne beim Koppen, ist für das Pferd zum ausführenden Zeitpunkt nicht relevant. Die Bewältigung der aktuellen Situation steht in dem Moment, in dem das Verhalten ausgeführt wird, im Vordergrund.
Deutlich erkennt man ein stereotypes Verhalten, wenn es sich von keiner natürlichen Verhaltensweise ableiten lässt, es also nicht Bestandteil des natürlichen artspezifischen Ethogramms ist, wie das Koppen. Das Aufsetzen und Ein- und Ausströmen-Lassen von Luft durch den Ösophagus existiert nicht im natürlichen Verhaltenskatalog des Pferdes. Jedoch auch Verhaltensweisen, die dem Normalverhalten zugeordnet werden, können sich zu Stereotypien entwickeln. Eine stereotype Laufbewegung basiert beispielsweise auf der normalen Verhaltensweise „Laufen". Läuft das Pferd nun jedoch auf der Stelle und der ursprüngliche Nutzen „Fortbewegung" ist nicht mehr vorhanden, spricht man von der Verhaltensstörung „Weben".
Je nachdem wie stark ein gewisses stereotypes Verhaltensmuster schon als Stressbewältigungsstrategie etabliert ist, lässt es sich kaum bis gar nicht mehr verändern.

STEREOTYPE VERHALTENSSTÖRUNG

Stereotype Verhaltensstörungen äußern sich in ständig sich wiederholenden, unveränderten Mustern von Verhaltenselementen, die weder einen funktionellen noch einen zielgerichteten Charakter haben.
Die Ausübung eines stereotypen Verhaltensmusters hat eine opioide Wirkung und dient als Bewältigungsstrategie für eine bestimmte Situation. Durch die opioide Wirkung entsteht eine Art Abhängigkeit wie bei einer Sucht.

SYMPTOMATISCHE VERHALTENSSTÖRUNG

Eine Verhaltensstörung kann auch ein Symptom für eine eigenständige Erkrankung sein. Nicht immer verschwindet das Verhalten mit der physischen Genesung des Pferdes, da sich das zur Stressbewältigung entstandene Verhaltensmuster bewährt hat.

WAS TUN?

Eine Stereotypie sollte niemals durch einen Strafreiz unterbunden werden. Es ist bekannt, dass das Verhalten dadurch nicht auszulöschen ist und das Pferd dieses Verhaltensmuster auch bei starken Schmerzen durch Bestrafung weiterhin nutzen wird.

Eine Verbesserung aller Umstände, besonders der der Haltungssituation, sollte hier an erster Stelle stehen.
Um im Sinne der Pferde zu handeln, ist eine neugierige, offene Haltung wissenschaftlich aktuellen Ergebnissen der Verhaltensforschung gegenüber, unabdingbar, ebenso die Reflektion des eigenen Verhaltens und dessen Wirkungsweise auf das Pferd.

SICHTBARE GRENZEN

Die größte Herausforderung an die Anpassungsfähigkeit der Pferde stellen wir also durch unsere Haltungsbedingungen. Sie sind auch der häufigste Grund für Verhaltensveränderungen.
Schauen wir hier einmal genauer hin, denn nicht nur **räumliche Grenzen**, die dem Bedürfnis nach Bewegungsfreiheit entgegenstehen, können das Pferd an seine Anpassungsgrenze bringen, auch das, was innerhalb der Begrenzungen geschieht.
Wir müssen uns dafür nur die Komplexität der verschiedenen Haltungssysteme und ihre Auswirkungen vor Augen führen.
Hier einige Beispiele:
Wir sehen Pferde in Boxenhaltung oder auf Flächen ohne Bewegungsanreize. Entgegengesetzt der Annahme, dem Pferd durch diese Haltungsform „Ruhe" zu geben, erreichen wir mit einer **reizarmen Umgebung** genau das Gegenteil. Unsere Pferde sind evolutionär bedingt permanent aufnahmefähig für optische, akustische, olfaktorische und taktile Reize und damit immer fluchtbereit. So sichern sie ihr Überleben. Diese Fähigkeit hat sich für sie bewährt und ist auch nach vielen Jahrhunderten Zucht und Domestizierung nicht ausgelöscht. Nehmen wir ihnen Alltagsreize, reagieren sie stärker auf einzeln auftretende Reize, z. B. auf ein Geräusch hinter der Bande. Sie erleben keinen gesunden Ausgleich mehr zwischen aktiven Phasen und Ruhephasen. Wer schon einmal selbst isoliert war oder über längere Zeit gewollt oder ungewollt auf soziale Kontakte verzichtet hat, weiß, dass es etwas Anpassungszeit braucht, um das gewohnte Konzentrationslevel für sein Gegenüber zurückzugewinnen. Schon ein kurzes Gespräch kann dann schnell überfordern. Unseren Pferden geht es in diesem Punkt nicht anders.
Auch die Gruppenzusammenstellung kann ein Pferd an seine Anpassungsgrenzen bringen. Hier ist entscheidend, mit wem es

Haltungsbedingungen sind der häufigste Grund für stressbedingte Verhaltensveränderungen.

Räumliche Grenzen, die dem Bedürfnis nach Bewegungsfreiheit entgegenstehen, bringen das Pferd an seine Anpassungsgrenze.

zusammenlebt und wie sich Stress durch eine gute **Sozialstruktur** bewältigen lässt. Je weiter wir das Pferd aus seiner natürlichen Umgebung herausnehmen, desto komplexer werden die Anforderungen an uns, das Pferd in seiner Psyche gesund zu erhalten. Die Bandbreite der Herausforderungen für uns ist groß, sie reicht von Überlegungen zu passendem Einstreu für das jeweilige Pferd, um genügend Schlafphasen zu gewährleisten, bis hin zum komplexen Thema der artgerechten Fütterung, die den psychischen und ernährungsphysiologischen Notwendigkeiten entspricht.

UNSICHTBARE GRENZEN

Die weniger sichtbaren Grenzen der Anpassungsfähigkeit der Pferde liegen in den Missverständnissen in der Mensch-Pferd-Kommunikation. So können wir zum Beispiel ein unerwünschtes Verhalten ungewollt durch unser Verhalten konditionieren. Häufig ist das der Fall in der Situation am Anbinder oder bei Fütterungszeit. Das Pferd ist in seinem Bewegungsfreiraum eingeschränkt und hat keine Möglichkeit, auftretenden Stress (z. B. Futtererwartung oder Bewegungseinschränkung) abzubauen. Beginnt das Pferd hier zu scharren, versucht es den durch die Situation entstandenen Stress – das Verlangen nach Futter und seine Bewegungseinschränkung durch Zaun, Anbinder oder Boxenwand – durch dieses Verhalten zu bewältigen. Füttern wir während der Phase der Erwartung auf Futter, bestärken wir das Übersprungverhalten des Pferdes (Klassische Konditionierung). So treten häufig Verhaltensstörungen in Erwartung der Fütterungszeit auf und das manchmal schon lange vor der tatsächlichen Fütterung.
Um Stress zu vermeiden, gilt es grundsätzlich, das Tier nicht wiederholt und über einen längeren Zeitraum in eine Erwartungshaltung zu versetzen. In der praktischen Umsetzung ist das nicht immer einfach. Unterschiedliche Fütterungszeiten können helfen, eine zu intensive Erwartungshaltung auszuprägen.
Auch im Training, z. B. beim Reiten, ist es nicht immer leicht, herauszufinden, wodurch ein bestimmtes Verhalten, wie beispielsweise das Headshaking ausgelöst wird. Haben wir durch eine inkongruente Hilfengebung oder durch eine unruhige Hand eine Schmerz-

reaktion herbeigeführt und die Reaktion darauf ungewollt konditioniert, oder liegt tatsächlich ein pathologischer Grund für das Verhalten vor? Ist das Headshaking in diesem Fall eine Reaktion auf die zu starke oder irritierende Einwirkung am Pferdekopf und/oder Rücken, oder hat sich genau aus diesem Grund ein erlerntes Verhalten zu einer Verhaltensstörung entwickelt?

Doch nicht immer führen Kommunikationsmissverständnisse oder Haltungsbedingungen zu Verhaltensauffälligkeiten, eine Verhaltensstörung kann auch ein Symptom für eine eigenständige Erkrankung sein. Um herauszufinden, ob es sich um ein erlerntes Verhalten handelt, ist gutes reiterliches Können und Feingefühl gefragt. Um dem veränderten Verhalten des Pferdes auf den Grund zu gehen, bedarf es einer ausführlichen Anamnese. Nur so werden alle Aspekte, die zur Verhaltensveränderung geführt haben könnten, berücksichtigt. Das bedeutet für uns, dass wir uns aus den verschiedensten Richtungen fachlichen Rat einholen müssen. Alle Befunde, die so im Rahmen einer Differenzialdiagnostik durch körperliche, chemische oder apparative Untersuchungen erhoben wurden, werden dann analysiert. Eine eventuell nötige medikamentöse Therapie sollte ausschließlich einem Tierarzt/einer Tierärztin vorbehalten bleiben.

Beobachten wir also, dass ein Pferd an seine Anpassungsgrenze gelangt ist, indem es vermehrt ein Verhalten aus einem bestimmten Funktionskreis zeigt, der Nutzen nicht mehr zu erkennen ist und häufiger und ohne erkennbaren Grund auftaucht, forschen wir dafür nach der Ursache für die Not des Pferdes. Wenn wir lernen genau hinzuschauen, können wir in der Regel rechtzeitig erkennen, wenn unser Pferd „nach Hilfe ruft". Damit dieser Ruf, wie es so häufig geschieht, nicht zu einem Schrei wird, müssen wir die Stressoren, die das Verhalten auslösen, reduzieren oder ganz beseitigen. Bedenken wir dabei immer, dass stereotype Verhaltensstörungen ausschließlich in Gefangenschaft auftreten. Damit ist auch unmissverständlich klar, wer die Verantwortung dafür trägt, sich um diese zu kümmern.

Das heißt:

- Beobachten Sie, wann und in welchen Situationen das Pferd ein bestimmtes auffälliges Verhalten zeigt.
- Finden Sie heraus, was der Auslöser für das Verhalten ist.
- Beheben Sie den Grund für das Verhalten (z. B. Fehlkommunikation oder Stress durch Haltungsbedingungen)!
- Vermeiden Sie den Auslöser!
- Versuchen Sie nicht das Verhalten des Pferdes zu verändern, sondern die Umstände, die Anlass für das Verhalten sind, die Situation oder Ihr eigenes Verhalten je nach Notwendigkeit.
- Auf gar keinen Fall unterbinden Sie das Verhalten des Pferdes oder strafen es dafür!
- Scheuen Sie sich nicht, Fachexpertise einzuholen und sich unterstützen zu lassen, um das Verhalten Ihres Pferdes verstehen zu lernen.

WACHSAME KÖRPER
— *Entdeckungsreise*

KÖRPER ERZÄHLEN

»Der Ausbildung des Pferdes geht die Ausbildung des Menschen voran. Reitkunst ist „nicht nur eine Schulung des Körpers, sondern auch des Geistes.“«

Antoine de la Baume Pluvinel,
einer der wichtigsten Vertreter der gewaltfreien Lehrmethode in der Reiterei, 1555–1620

Wie gut kenne ich eigentlich meinen eigenen Körper und seine Sprache?
Was zeigt er mir über das, was in mir vorgeht, wie drückt sich mein Inneres mir und anderen gegenüber aus?
Wie kann ich lernen, meinen Körper und seine Ausdrucksmöglichkeiten zu verstehen?

Wenn wir uns diese Fragen stellen, gehen wir von der Grundannahme aus, dass Körper und Geist eine Einheit bilden. Strömungen in der Philosophie, der Psychologie, den Religionen, in der Medizin usw., haben sich mit dieser Einheit durch die Jahrhunderte immer wieder neu auseinandergesetzt. Die so entstandenen ganzheitlichen Konzepte und Lehren haben auch heute nicht an Bedeutung verloren. Sie gehen von der uralten Idee von der Verbundenheit von Körper und Geist aus und von der Überzeugung, dass ein harmonisches Zusammenspiel beider zu einem ausgeglichenen, glücklichen Leben führen kann. Diese Verbundenheit der (An-)Teile unserer Persönlichkeit beschreibt Samy Molcho anschaulich mit diesen schönen Worten:

Was wir sind, sind wir durch unseren Körper. Der Körper ist der Handschuh der Seele, seine Sprache das Wort des Herzens. Jede innere Bewegung, Gefühle, Emotionen, Wünsche, drücken sich durch unseren Körper aus. Was wir Körperausdruck nennen, ist der Ausdruck innerer Bewegung.[1]

Lassen wir nun unseren Körper „erzählen“, und begeben uns in die Rolle der/des Zuhörenden und Beobachtenden, beschreiten wir einen Weg, der uns erfahren lässt, wer wir sind, vielleicht auch, was uns zu dem gemacht hat, wie wir sind und was uns bewegt und antreibt. Gelingt uns das, haben wir die große Chance, das Spektrum unserer Ausdrucksmöglichkeiten zu erweitern.
Keine einfache Aufgabe.
Gesellschaftliche Vorstellungen zu bestimmten Ausdrucksmöglichkeiten unserer selbst sind reglementiert: In welchen Situationen und in der Gegenwart welcher Menschen

[1] Molcho, S. (2013): Körpersprache. München: Goldmann. 9. Auflage. S. 26.

z. B. dürfen wir Gefühle zeigen, vor wem laut weinen oder laut lachen, übermäßige Freude zeigen, tanzen, wenn uns danach ist …?
Den eigenen Körper in seiner Ausdrucksfähigkeit nicht mehr zu unterdrücken, fordert Mut. Die dadurch gewonnene Freiheit lohnt sich jedoch! Erst ein Körper, der frei ist in seinen Ausdrucksmöglichkeiten, ohne Scham agiert und sich frei von Konventionen bewegen kann, kann seine Kreativität voll ausschöpfen, sich entwickeln und sich pur und ungezwungen mitteilen. Wir können uns erfreuen an der Gefühlswelt, die sich uns so eröffnet. Unsere Energie wird dann nicht mehr auf der Körperebene „vergeudet", indem wir uns anpassen, und wir können sie für die Bewältigung dessen, was uns das Leben abverlangt, nutzen.
Ich habe erfahren, dass sich mir in dem Moment, in dem ich eine Auseinandersetzung mit den Einflüssen meiner Psyche auf meine Ausdrucksmöglichkeiten in meiner Körpersprache zulasse und mir diese bewusst mache, ganz neue „Denk"-Wege eröffnen.

Jeder Mensch geht seinen eigenen Weg, dieser ist meiner.

Jenseits von „Einordnung" und „Bewertung" kann sich so die Möglichkeit auftun, dass alles „in Gang" kommt und die Gewichtung von Alltagsproblemen sich relativiert, das Leben sich neu ausbalanciert. Ich kann nun Ruhe in mir selbst finden und diese fühlen. Mein Körper erhält die Chance, weniger überfordert zu werden, da ich auch in Ausnahmesituationen eher die Kontrolle über ihn behalte. Mimik und Gestik sind nicht mehr nur unbewusste Begleiterscheinungen zum gesprochenen Wort.

Niemand hindert mich daran, mich selbst kennenzulernen, außer meine Angst vor dem Unbekannten.

Unsere Gesundheit, unsere Gefühle, Interaktionen mit den Mitmenschen und Tieren, alles kann sich durch diesen unverstellten Blick auf uns selbst ändern, auch unsere Empathie und unser Verständnis für unsere Pferde. Je mehr wir uns kennenlernen und achtsam mit uns selber sind, desto tiefer können unsere Empfindungen für unsere Pferde werden.
Antoine de Pluvinel (1552 – 1620), einer der wichtigsten Vertreter der gewaltfreien Lehrmethode in der Reiterei, ist mir auf meinem Weg ein inspirierendes Vorbild, menschlich wie reiterlich, wenn dies überhaupt trennbar ist, und in seiner Funktion als Lehrender. Der Umgang mit dem Pferd und die Reitkunst sind für ihn in erster Linie Persönlichkeitsbildung und eine Charakterschulung. Selbst war Pluvinel ein hervorragender Pädagoge und wusste Reiter zu unterrichten, ohne ihr Ego zu kränken, eine der wohl größten Herausforderungen in der Zusammenarbeit mit Menschen.
Mit dem wachsenden Verständnis für meine Pferde haben sich in den letzten Jahren auch meine Ziele und Ansprüche an das Training mit ihnen verändert. Das, was ich jetzt von ihnen erwarte im Umgang mit mir, erwarte ich auch von mir im Umgang mit ihnen.
So entsteht etwas Schönes zwischen uns, ein Zusammensein auf der Basis von Respekt und der Motivation für einen wachen und intensiven Austausch. Dieser erinnert mich an den Probenbeginn zu einem neuen Stück am Theater. Gehe ich motiviert auf die Probebühne und bin gut vorbereitet, kann mir im schlimmsten Fall passieren, dass nichts passiert. Im besten Fall aber stecke ich die Unmotivierten noch mit meiner Begeisterung für die Thematik und das Zusammenspiel an und wir kreieren am Ende zusammen ein tolles Stück. Das wiederum kann diejenigen, die es sich anschauen, zum Nachdenken, zum Fühlen anregen und vielleicht sogar zum Handeln inspirieren.
Nehme ich diese Idee mit in die Kommunikation mit Pferden, bekommt diese für mich einen Wert, der durch nichts anderes herzustellen und zu beeinflussen ist. Dabei gilt: Wenn ich mich selbst ausreichend kenne, kann ich mich meinem Gegenüber, dem

Pferd, auch „vorstellen". Ansonsten muss es mir all meine unbewusst ausgeführten Gesten und die sich dahinter verbergenden unbewussten Absichten mit seinen Reaktionen auf diese, schmerzhaft vor Augen halten. Nicht selten habe ich Pferde im Training erlebt, die „mehr wissen", als ihre Menschen. Sie sind den Menschen überlegen in ihrer Raumwahrnehmung und im Lesen von Körpersprache. Der Mensch tut sich dementgegen schwer, die Gemeinsamkeiten der Körpersprachen als Kommunikationsebene wahrzunehmen. Und nicht selten erkennt er deutlich mitgeteilte Bedürfnisse seines Pferdes nicht und ignoriert diese ungewollt – oft über Jahre.

Nehmen wir also unsere Körpersprache wahr und lassen sie bewusst sprechen, wählen wir einen der ehrlichsten Wege, uns mitzuteilen und uns „lesbar" zu machen. Sie ist leichter zu deuten und zu verstehen als das gesprochene Wort – für Mensch wie Pferd.

Durch die intensive Auseinandersetzung mit dem Pferd kann es geschehen, dass wir mehr über uns erfahren, als uns lieb ist. Begeben wir uns selbst jedoch nicht an unsere Grenzen, schafft es spätestens die Auseinandersetzung mit der Kunst, die Pferde verstehen zu wollen.

In dem Wissen, dass der körperliche Ausdruck in der Begegnung mit Menschen und mit Pferden von so großer Bedeutung ist, bekommen unterschiedliche Aspekte, die zur Gesunderhaltung von Körper und Geist beitragen können, einen neuen Stellenwert.

Drei dieser Aspekte haben hier ein besonderes Gewicht: Das ist zum einen die Beschäftigung mit dem engen Zusammenhang zwischen der inneren und äußeren Haltung, zum anderen mit dem achtsamen Umgang mit der eigenen Person und der Entwicklung eines Bewusstseins für die eigene Atmung.

DIE NATÜRLICHE AUFRICHTUNG

„Der Körper ist das Instrument, auf dem Bewegung orchestriert wird. Dreidimensionale Balance im eigenen Körper ist dem Musizieren auf einem gut gestimmten Instrument vergleichbar."[2]

Ein schönes Bild. Meinen Körper als gut gestimmtes Instrument zu betrachten, das kreativ Gefühle und Geschichten erzählen und komplexe Informationen austauschen kann, war Teil meines Weges, der mich über

Die Haltung „Krähe" stärkt die gesamte Tiefenmuskulatur und verbessert das Gleichgewichtsgefühl.

[2] Larsen, Ch. (2007): Spiraldynamik. Die zwölf Gerade der Freiheit. Kunst und Wissenschaft menschlicher Bewegungskoordination. Petersberg: Via Nova. S. 13.

den Schauspielberuf letztendlich noch intensiver zu den Pferden geführt hat. Spätestens das Bewegungstheater als Teil des Schauspielstudiums hat meine Faszination für die unterschiedlichen Ausdrucksmöglichkeiten unserer Körper geweckt. Ob es das stimmlose Darstellen von Alltagsbewegungen wie das Fensterputzen war, das in der pantomimischen Umsetzung an einer imaginären Fensterscheibe bis zur Perfektion geübt wurde oder auch die wortlose Darstellung komplexer Handlungsabläufe und Gefühlsdarstellungen. Das Bewegungstheater hat mich bewegt.

Um unseren Körper, das Instrument, gestimmt zu halten, dürfen wir einen Aspekt jedoch nicht außer Acht lassen. Bewegungs- und Ausrichtungsprinzipien und das Wissen um funktionelle Anatomie sind nicht nur bedeutsam für ökonomische Bewegungsabläufe und eine gesunde Körperhaltung, auch kann sich eine logische Nutzung unserer Koordinationsfähigkeit und Körperhaltung auf unsere innere Haltung auswirken.

Sind wir also „äußerlich aufgerichtet", spiegelt sich das in unserer „inneren Haltung/ Aufrichtung" wider und umgekehrt.

Dabei wirken Körperliches und Psychisches stetig aufeinander und sind untrennbar miteinander verbunden. Diese Perspektive wird in der Psychologie zunehmend im Konzept des Embodiments verwendet. Es betont in besonderer Weise die Wechselwirkung zwischen Körperzuständen und psychischen Zuständen.[3]

Das Innere beeinflusst die körperliche Befindlichkeit und umgekehrt. Die Psychosomatische und somato-psychische Wechselwirkung funktioniert also in beide Richtungen.

Die Psychologen John Riskind und Carolyn Gotay haben diese Zusammenhänge zwischen psychischen und kognitiven Prozessen in Bezug zum gesamten Körper gesehen im Rahmen einer Studie[4] in eindrucksvollen Experimenten untersucht. Dazu forderten sie zwei Gruppen von Menschen dazu auf, einen hochkomplexen Test zu schreiben, nachdem diese zuvor unter dem Vorwand, an einem neurologischen Test teilzunehmen, in eine bestimmte Körperhaltung gebracht worden waren. In dieser hatten sie acht Minuten zu verharren, ohne sich zu bewegen: die eine Gruppe in einer aufrechten, starken Sitzposition, die andere in zusammengekauerter Sitzhaltung, im Nacken und an den Handgelenken mit verschiedenen Elektroden verkabelt. Im Ergebnis zeigten die „Aufrechten" in der anschließenden Bewältigung der Aufgaben einen stärkeren Durchhaltewillen und eine stärkere Motivation als die Menschen der Vergleichsgruppe, die sich schnell entmutigen ließen. Die eingenommene Körperhaltung hatte also in diesem Fall einen Einfluss auf das Durchhaltevermögen bei der Bewältigung einer frustrierenden Aufgabe. Diese und weitere Experimente ließen die beiden Forscher zu der grundlegenden Erkenntnis kommen, dass der Körper „einen bisher unterschätzen Einfluss auf unser Befinden, unseren emotionalen und psychischen Ausdruck und unsere Informationsverarbeitung"[5] hat.

Das gilt jedoch nicht nur für unser momentanes Erleben, sondern auch für alle für uns wichtigen Erfahrungen und Erlebnisse, die wir in unserem Leben gemacht haben. Schauen wir sie uns einmal an.

Unser Lebensweg ist geprägt von Begegnungen, Ereignissen, Eindrücken und persönlichen Entdeckungen und Erkenntnissen.

---

3 Vgl. Lauper, R., Larsen, Chr. (2018): Spiraldynamik. Achtsame Körperhaltung. Petersberg: Via Nova. 2. Auflage. S. 23.

4 Vgl. Riskind, J.H., Gotay, C.C. (1982): Physical posture. Could it have regulatory or feedback effects on motivation and emotion? Motivation and Emotion 6, 273 – 298. Springer.

5 Storch, M., Theiss, C. (2016): Embodiment – der Einfluss der Körperhaltung auf die Psyche. DIE SÄULE 4/2016.

01

01 Die innere und äußere Aufrichtung im Gleichgewicht.

02 Eine verkürzte Mukulatur kann den Körper aus dem Gleichgewicht bringen und ihn an seiner „natürlichen Aufrichtung" hindern.

Sie alle haben ihre Spuren hinterlassen. Erinnern wir uns: Als Kind haben wir jeden Tag komplexe koordinative Bewegungsmuster gelernt. Wir haben unbeschwert danach gestrebt, nachdem wir uns drehen konnten und Krabbeln gelernt hatten, die eigene Perspektive auf die Welt zu verändern. Wir zogen uns an Gegenständen hoch, lernten zu laufen, rennen und klettern in Windeseile. Wir eigneten uns die Fähigkeit an, unsere Gefühle und Bedürfnisse so auszudrücken, dass unsere Erwachsenen sie verstehen und stillen konnten. Wir waren intrinsisch motivierte Lernende, kreative Künstlerinnen und Künstler ohne einen Funken Künstlichkeit und lebten im Moment. So ganz von Natur aus. Aufrichtung und Zentrierung waren dabei die Basis für die Ökonomie jeder Bewegung und Haltung unseres Körpers.

Dann aber veränderte sich etwas Entscheidendes. Unser Forschungsgeist wurde kanalisiert, Erwachsene sagten uns, „was" wir lernen sollen und wie wir es lernen sollen. Uns ging die kindliche Gelassenheit verloren. Wir lernten nach und nach Grenzen akzeptieren, ohne zu versuchen, sie zu über-

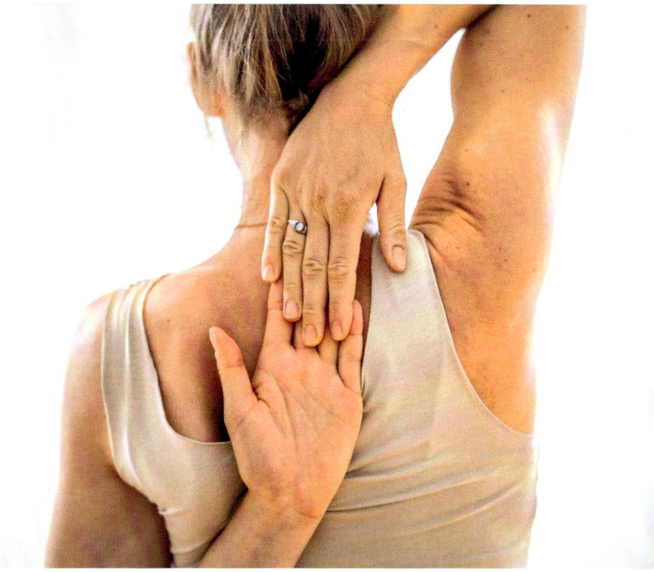

02

winden. Die Freude an den eigenen körperlichen Möglichkeiten, die Entdeckungslust und die Unbedarftheit mit und in der Welt zu sein, wurde von Strukturen abgelöst.

Als Erwachsene gehen wir nur noch selten auf unseren kindlichen Lernwegen.

Uns scheint die „natürliche" Haltung und Aufrichtung, die wir als Kind so unbeschwert eingenommen haben, abhanden gekommen zu sein. Blickt man sich um, könnte man sich fragen, ob es diese überhaupt noch im Erwachsenenalter gibt. Ca. 80 % der Bevölkerung beklagt sich mindestens einmal im Leben über anhaltende Rückenschmerzen. Einseitige Arbeits- und Bewegungsabläufe im Beruf, unsere Gewohnheit, mit vorgelehntem Kopf auf das Handy zu starren oder schlicht der Bewegungsmangel in unserem Alltag, lassen muskuläre Defizite und Dysbalancen zur Volkskrankheit werden. Eine gesunde Aufrichtung scheint durch unsere Berufe und Gewohnheiten kaum mehr möglich. Das Ergebnis: Unsere Körperhaltung fühlt sich nicht mehr natürlich und stimmig an und wir machen sie zu einem Trainingsziel, das in einer halben Stunde Yoga oder Physiotherapie in der Woche erreicht werden soll.

Neben den gesundheitlichen Folgen durch die Distanzierung von unserer Natur, also unserer natürlichen Aufrichtung, gehen uns nicht nur körperliche Leistungs-, Bewegungs- und Koordinations-Fähigkeiten verloren, auch unsere Art und Fähigkeit uns lesbar mitzuteilen, schwindet langsam dahin. Aus einer Liebeserklärung Romeos an Julia, hängend am Balkon unterm Sternenhimmel, die Nachtigall im Ohr, wurde zur Liebesbekundung mit der Zeit eine Mail, SMS oder WhatsApp-Sprachnachricht und für die ganz „Schüchternen" unter uns, ein Herz-Emoji. Mit der abnehmenden Fähigkeit, unseren Körper seiner Natur entsprechend einzusetzen, kann eben auch unsere Fähigkeit zu einer differenzierten Kommunikation verloren gehen, und nicht nur die mit unseren Mitmenschen. Auch für den Wunsch, uns mit den Pferden verständigen zu wollen, fehlen uns die nötigen Kompetenzen.

Sich ganz natürlich in der eigenen vollen Körpergröße aufzurichten, ist leichter gesagt als getan. Das Ausmaß der beschriebenen inneren Widerstände und äußeren Umstände

01

02

03

hindert viele von uns daran, erhobenen Hauptes durchs Leben zu gehen. Wollen wir uns der natürlichen, „kindlichen" Aufrichtung und der damit verbundenen Zuversicht wieder nähern, steht uns eine Arbeit an uns selbst bevor. Sie aber ist Voraussetzung für gesunde Bewegungsabläufe und hat eben auch einen positiven Einfluss auf die Psyche. Keine Psyche gleicht der anderen und auch kein Körper dem anderen. Deshalb kann jeder Mensch auch nur mit seinen individuellen Möglichkeiten und auf seine ganz individuelle Art und Weise zu seiner inneren wie äußeren Aufrichtung finden. Dies ist aber so gut wie jedem Menschen möglich, gleich welche Spuren das Leben in Psyche und Körper hinterlassen hat, auch denjenigen mit einer angeborenen oder erworbenen Disfunktionalität.

Meine geduckte Körperhaltung, in der ich viele Jahre meines Lebens herumgelaufen bin, habe ich zunächst mit bestimmten physiotherapeutischen Übungen wieder aufzurichten versucht. Diese sollten mich motivieren, körperliche Dysbalancen nachhaltig auszugleichen. Das gelang jedoch nicht. Mein Problem lag nämlich nicht in der rein äußeren Aufrichtung, sondern darin, dass meine Körpergröße gesellschaftlich gesehen nicht ganz der Norm entspricht. Das rief in meinem Umfeld bestimmte Reaktionen in Worten und Verhalten hervor, die ich für mich interpretiert und eingeordnet habe. Diese haben dann dazu geführt, dass ich innerlich wie äußerlich immer „kleiner" wurde. Das Körpergeschehen war in diesem Fall die Ursache des psychischen Erlebens und nicht dessen Wirkung. In der Psychologie bezeichnet man diese wechselseitigen Beeinflussungsmöglichkeiten, die zwischen Körpergeschehen und psychischem System bestehen, als Bodyfeedback. Heute weiß ich, dass die Aufgabe großer Menschen darin besteht, „innerlich zu ihrer Größe aufzuschließen und Außen und Innen in Harmonie zu bringen."[6]

Die natürliche Aufrichtung (zurück) zu erlangen ist ein Prozess, der aus vielen kleinen Schritten besteht. Bewegungs- und Ausrichtungstraining, ein bewusster Atem und ein achtsamer Umgang mit sich und der Welt, lassen das Ergebnis nachhaltig sein.

04

01 Das „Gestreckte Kind": Zwischen Kopfkrone und Kreuzbein entsteht Länge.

02 Die Vorbeuge dehnt die gesamte Körperrückseite, die wir durch das Sitzen im Alltag stark verkürzen.

03 Länge in der Wirbelsäule finden wir in den unterschiedlichsten Positionen. Die Kräftigung der Rumpfmuskulatur hilft uns dabei.

04 Der Blick von außen kann uns dabei helfen, Bewegungsmuster zu erkennen und gegebenenfalls zu verändern.

[6] Dahlke, R. (2009): Der Körper als Spiegel der Seele. München: Goldmann. S. 34.

Auch unsere Pferde werden in ihren natürlichen Bewegungs- und Ausrichtungsprinzipien durch die Haltungsbedingungen, die wir ihnen vorgeben, eingeschränkt. Und so wie sich die innere Haltung eines Menschen in seiner Körperhaltung widerspiegelt und im Bewegungsverhalten zeigt, können wir es auch bei den Pferden beobachten. Vieles, was wir für sie bereithalten, geht nicht spurlos an ihnen vorüber: erhöhte Fresspositionen im Stehen, ohne die Möglichkeit, die Gliedmaßen in Schrittstellung zu bringen und sich dabei der Natur entsprechend fortwährend langsam vorwärts zu bewegen; schräge Kopfhaltungen beim Rupfen von Heu aus engmaschigen Heunetzen, damit sie nicht zu dick werden; Bewegungsmangel; eine Unausgewogenheit zwischen Leistungsphasen und Ruhephasen; Muskelschmerzen infolge von missverstandenem Training.
Das Fazit ist doch eigentlich immer: Wenn wir unsere Pferde ihrer Natur entfremden, werden sie krank.
Wenn wir dann noch mit unseren eigenen Verspannungen und den daraus resultierenden Fehlhaltungen (Dysbalancen) zu unseren Pferden gehen, beeinflussen wir ihren gesamten Bewegungsablauf nicht nur beim Reiten, sondern auch in der Kommunikation am Boden. Unsere Körpersprache läuft Gefahr inkongruent zu werden. Wir senden nicht das, was wir senden wollen, die Kommunikation leidet. Wer schon einmal eine gute Sitzschulung erhalten hat, weiß, wie es sich anfühlt, wenn das Pferd auf die kleinsten Veränderungen im Sitz reagiert. Veränderung des eigenen Muskeltonus, minimale Anpassung der Ausrichtung einzelner Gelenke, ein inneres Bild für die gute Mischung aus Stabilität und Flexibilität und für das bewusste Atmen, haben einen direkten und sichtbaren Effekt auf den Bewegungsablauf und den Gemütszustand des Pferdes.
Wir kennen auch alle den schlechten Reitunterricht, in dem von der Bande aus lauthals appelliert wird, „Hacken runter" oder „Schultern zurück". Alle Bewegungen, die anstrengend und unnatürlich erscheinen und den eigenen Körper nur noch mehr verkrampfen lassen und in falsche Positionen ziehen, können einfach nicht zum Ziel führen. Gesund erhaltende Bewegungsabläufe erreicht man auch nicht, indem man einen Satz, den man einmal gehört hat, krampfhaft für kurze Momente am Tag umzusetzen versucht. Gutes Reiten kommt nicht von alleine und auch nicht vom Reiten selbst.
Wollen wir wirklich unsere Bewegungsmuster dahingehend verändern, dass wir Erkrankungen und verschleißenden Fehlhaltungen vorbeugen und zudem die Fähigkeit ausbauen (oder zurückgewinnen), unseren Körper als Kommunikationsinstrument in all seinen Fassetten zu nutzen, müssen wir etwas dafür tun. Nutzen wir also unser Erwachsenengehirn, um all das uns zur Verfügung stehende Wissen aufzunehmen. Vergessen wir dabei unsere kindliche „natürliche" Neugier nicht und bleiben aufmerksam für unseren Körper und seine sich fortwährend entwickelnden Kommunikationsfähigkeiten. Nur so bleiben wir auch wach für unser Gegenüber, ob Mensch oder Tier.
Dazu müssen wir uns folgende Fragen beantworten:

- Warum will ich etwas ändern?
- Ist mir mein Ziel wichtig genug, Zeit zu investieren?
- Bin ich bereit, alte Muster loszulassen?
- Womit fange ich an?

»Deine Gedanken zu verändern, verändert dein Leben.«

*Wayn Dyer,
US-amerikanischer Psychologe, Autor und Redner zu Fragen der Selbstfindung und Selbstverwirklichung, 1940–2015*

Füreinander achtsam sein

ACHTSAMKEIT

Unser Alltag ist geprägt von einer Fülle an Informationen, die vom Raum, den Gegebenheiten, von anderen Menschen und Tieren und zuletzt von uns selbst ausgehen. Hinzu kommt noch die Idee, das eigene Ich über den Beruf zu definieren, sich gesellschaftlich irgendwo und irgendwie einordnen zu müssen, und die eigene und fremde Erwartung an uns selbst, sich zu jedem Thema positionieren zu müssen. Die Folge ist, dass wir heute mehr denn je die Fähigkeit benötigen, Wichtiges von Unwichtigem unterscheiden zu können. Damit wir uns dazu nicht vor der Welt verschließen müssen, sollten wir „in der Welt", in die wir gestellt wurden, achtsam mit uns selbst umgehen. Ich durfte erfahren, dass eine achtsame Lebenspraxis dazu beigetragen hat, wieder die innere Freiheit spüren zu können, die ich als Kind erfahren habe. Eine Freiheit jenseits von starren Vorstellungen, wie das Leben zu sein hat und frei von eingefahrenen Denk- und Verhaltensmustern.

»Wo immer du bist, sei ganz dort.«

Eckhart Tolle, spiritueller Lehrer und Buchautor

Mir geht es hier nun nicht darum, Ihnen ein Konzept oder eine Methode vorzustellen, sondern ich möchte mich mit Ihnen auf die Suche nach Aspekten der Natur des Menschen machen, die zur Gesunderhaltung von Körper und Geist beitragen und die wir zu verändern „in der Hand" haben. Dazu werde ich nicht neue Wege mit Ihnen beschreiten, sondern alte, von je her bekannte, die uns möglicherweise aus dem Blick geraten sind, in Erinnerung bringen.
Es ist die Suche nach unserem natürlichen Sein, nach unserer Art, die Welt, die Menschen und andere Lebewesen zu sehen und wahrzunehmen und mit ihnen zu kommunizieren. Schon immer war es eine natürliche Eigenschaft des Menschen, sich mit

Tieren zu verständigen. Der Grund ist naheliegend, wir waren und sind auch heute noch auf sie angewiesen. Sie halfen bei der Jagd und in der Landwirtschaft, sie wärmten uns in der Nacht und waren uns treuer Freund. In der Literatur finden wir nicht nur Geschichten und Erzählungen von Tieren, die mit uns in den Krieg gezogen sind, sondern auch unzählige Beschreibungen inniger Beziehungen zwischen Mensch und Tier, die mit keiner menschlichen Beziehung zu ersetzen waren.

Entdecken wir also unsere natürliche Fähigkeit, Tieren auf Augenhöhe zu begegnen und uns mit ihnen zu verständigen. Auch hier sind es wieder die Kinder, die uns ein gutes Beispiel sein können. Schauen wir ihnen zu, wenn sie einem Tier begegnen, begeben sie sich wortwörtlich auf Augenhöhe mit dem Geschöpf und versuchen die Gemeinsamkeiten ihrer Sprachen herauszufinden. Dabei nehmen sie es zunächst unvoreingenommen wahr. Die kognitiven Fähigkeiten des beobachteten Tieres sind dabei nicht der Maßstab für die Entscheidung, ob sie mit ihm kommunizieren wollen oder nicht. In diesem Moment, im Hier und Jetzt, sind für sie allein der Austausch und das, was sie durch den Austausch erfahren und lernen von Bedeutung. Das ist es, was Kinder uns in ihrer Begegnung mit Tieren zeigen.

Den meisten Menschen, die mit ihren Pferden zu mir kommen, ist es sehr wohl bewusst, dass der Fokus zu allererst auf dem Menschen liegt, auf seiner psychischen und körperlichen Verfasstheit. Sie wissen auch, dass oft sie es sind, die einer ungestörten Kommunikation im Weg stehen. Wie gut ist es, dass wir lernen können, gewonnene Erkenntnisse und Haltungen aus dem achtsamen Umgang mit uns selbst hineinzunehmen in unser Gespräch mit den Pferden. Wir können lernen, uns unverstellt mitzuteilen, indem wir uns zunächst selbst ein Ohr schenken.

Ich lade Sie deshalb ein, sich durch das folgende Kapitel für ein gegenwartsorientiertes Bewusstsein, das nicht wertend ist und das Ziel eines klaren und wachen Geistes hat, inspirieren zu lassen. Dazu gebe ich Ihnen einen kleinen Einblick in meine Achtsamkeitspraxis.

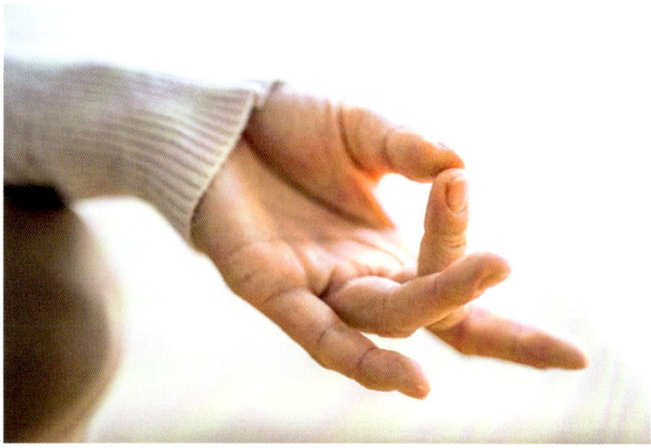

Das Atem-Mudra nimmt Einfluss auf den Atem. Steigern Sie den Druck zwischen Mittelfingerkuppe und Daumenkuppe beim Einatmen und lösen diesen bei der Ausatmung.

Achtsamkeit ist ein besonderer Wahrnehmungs- und Bewusstseinszustand. Das Praktizieren von Achtsamkeit ist in der buddhistischen Lehre und Meditationspraxis und in den unterschiedlichsten Psychotherapiemethoden zu finden.
Sie ist eine Form der Aufmerksamkeit und beschreibt ein gegenwartsorientiertes Bewusstsein, das nicht wertend ist und das Ziel eines klaren und wachen Geistes hat.

ACHTSAMKEITSPRAXIS

Wenn ich mit meinen Pferden zusammen bin, fällt es mir am leichtesten im Hier und Jetzt zu sein, einfach nur zu sein und wahrzunehmen. Die Tiere leben es mir schließlich par excellence vor. Doch gelingt mir das natürlich nicht immer und in der Arbeit mit fremden Pferden und ihren Menschen pas-

Im Hier und Jetzt

siert es mir auch, dass ich mich in Gedanken verstricke und mein klarer Blick für das, was vor mir ist, sich trübt oder sogar einfärbt. Wie können wir die Begegnung mit unserem Pferd voll und ganz wach, unvoreingenommen und im Hier und Jetzt erleben? Schauen wir uns dazu folgende Situation an: Sie stehen mit ihrem Pferd auf dem Putzplatz. Eine Stallkollegin spricht Sie an und beginnt von ihrem Tag zu erzählen. Ihre Reitstunde beginnt gleich. Sie satteln zügig Ihr Pferd. Währenddessen vibriert Ihr Smartphone in Ihrer Hosentasche, Sie schauen auf das Display und beantworten schnell eine Nachricht. Sie denken an den vor Ihnen liegenden Reitunterricht und

»Die Vergangenheit ist schon vorüber, und die Zukunft ist noch nicht da. Nur im gegenwärtigen Augenblick können wir das Leben berühren.«

Thich Nhat Hanh, vietnamesischer buddhistischer Mönch, Schriftsteller und Lyriker, 1926–2022

stellen sich die Situation und den Ablauf vor. Sie überlegen, ob Sie sich in der vergangenen Woche gut genug vorbereitet haben. Jemand bittet Sie lautstark aus der Ferne, nach dem Unterricht noch die Abschwitzdecke seines Pferdes abzunehmen.
Sie sehen, viele Prozesse laufen zeitgleich und lassen den Moment mit Ihrem Pferd verstreichen, ohne ihm eine eigene Bedeutung geschenkt zu haben.
Sie haben deshalb vielleicht auch gar nicht wahrgenommen, dass es bereits angefangen hat zu scharren und vor lauter Stress, den Sie übertragen haben, in den Strick zu beißen. Konnten Sie bei der ganzen Ablenkung überhaupt wahrnehmen, wie der allgemeine Gemütszustand Ihres Pferdes gerade ist? Was ist Ihnen womöglich noch alles entgangen?
Hier haben wir die klassische Situation eines unachtsam erlebten Moments.
Doch wie auch in einem Gespräch mit einem menschlichen Freund, verlangt und verdient Ihr Pferd im Zusammensein mit Ihnen Ihre ungeteilte Aufmerksamkeit. Fokussieren Sie sich auf den Moment und nutzen diesen einmal nur für sich und Ihr Pferd, indem Sie das Zusammensein bewusst erleben. Schärfen Sie Ihre Sinne, indem Sie auf jeden Aspekt der Situation achten. Was nehmen Sie von Ihrem Pferd wahr und von dem, was Sie selbst in die Situation bringen?
In der Achtsamkeitspraxis geht es also nicht darum, irgendetwas zu schaffen oder einen bestimmten Zustand erreichen zu wollen. Es gilt, den gegenwärtigen Moment bewusst wahrzunehmen, indem Sie Ihre Aufmerk-

Achtsam sein für die kleinen Dinge und Situationen

»Man sollte von Zeit zu Zeit von sich zurücktreten, wie ein Maler von seinem Bilde.«

Christian Morgenstern,
deutscher Dichter und Schriftsteller, 1871–1914

samkeit absichtlich auf ihn richten, ohne ihn verändern, beeinflussen oder festhalten zu wollen. Sie nehmen einfach an, was da ist. Schenken Sie sich in der Situation, in der Sie sich gerade befinden, selbst ein Ohr. Alles, was Sie sehen, hören und fühlen bleibt uneingeordnet und erst einmal unbewertet, auch wenn dies eventuell konträr zu dem erscheint, was andere oder sogar Sie selbst von sich erwarten.
Das kann erleichtern, erholsam sein und dabei helfen, bei sich selbst anzukommen. Sie lassen möglichen aufkommenden Stress hinter sich und übertragen ihn so auch nicht auf Ihr Pferd.
Haben Sie diese Haltung verinnerlicht, macht es keinen Unterschied, in welcher Situation Sie diese achtsame Haltung zulassen oder provozieren, in der Stallgasse oder während Sie reiten.
Wählen Sie eine Ihnen bekannte immer wiederkehrende Handlung oder Situation aus Ihrem Alltag mit den Pferden.
Beginnen Sie z. B. mit Ihrer Achtsamkeitspraxis in dem Moment, in dem Sie Ihrem Pferd begegnen.
Welche Gedanken und Gefühle kommen in Ihnen hoch? Nehmen Sie diese wahr und werden zum Beobachtenden Ihrer selbst. Sie müssen sich nicht zu den Gedanken positionieren oder sie verändern. Treten Sie innerlich einen Schritt zurück, um sich Ihre Gefühle und Gedanken aus der Distanz genau anschauen zu können.

Die Formulierung dazu wäre z. B.:

- Ich bin ungeduldig.
- Ich trete bildlich einen Schritt zurück und schaue auf das Gefühl der Ungeduld.
- Die Ungeduld lässt mich hektisch in meinen Bewegungen werden.
- Die Ungeduld ist ein Teil von mir, sie muss mich jedoch nicht lenken.
- Ich muss nicht an diesem Gefühl festhalten.
- Gefühle dürfen kommen und ich darf sie auch wieder gehen lassen.

Durch die bewusste, wertungsfreie „gedankliche Benennung" unserer Emotionen und Reaktions- und Bewegungsmuster, findet eine Distanzierung zu diesen statt. Aus dieser Haltung heraus können wir Klarheit für den Moment erfahren, vielleicht sogar seine Schönheit erkennen, oder ihm aber auch das Gewicht nehmen.

GRUNDHALTUNGEN DER ACHTSAMKEIT NACH ESSWEIN[7]:

1. Annehmen, was da ist
2. Offen sein
3. Nicht urteilen
4. Nichts beabsichtigen
5. Vertrauen
6. Geduld üben
7. Loslassen

[7] Eßwein, J. (2015): Achtsamkeitstraining. München: Gräfe & Unzer. S. 12ff.

»Wer sich selbst versteht, kommuniziert besser.«

Friedemann Schulz von Thun, Kommunikationspsychologe

Alltagssituationen bewusst erleben …

Durch die Unvoreingenommenheit dem Augenblick gegenüber, gewinnen wir inneren Raum. Dieser macht es uns möglich, flexibel mit bestimmten für uns herausfordernden Situationen umzugehen. Wir werden wach(sam) und sind reaktionsbereit. Ein Mensch, der achtsam mit seinen eigenen Bedürfnissen umgeht, eröffnet sich selbst die Möglichkeit, auch die Wichtigkeit der Bedürfnisse anderer Menschen und auch Tiere wahrnehmen zu können und zu verstehen. Er legt damit die Basis für eine wache und respektvolle Kommunikation, aus der niemand als Verlierer herausgehen wird.
Sind wir also achtsam auch **in der Begegnung mit dem Pferd**, hilft uns das bei der so wichtigen wertungsfreien Wahrnehmung unseres Pferdes. Wir können dann wahrnehmen, was ist.

Mich führt diese Achtsamkeitspraxis, nachdem ich meine Handlungen und Reaktionsmuster wahrgenommen habe, zur Auseinandersetzung mit dem Warum. Gerade im Sinne des Tierwohls ist es für mich ein unumgänglicher Schritt, immer wieder zu hinterfragen, warum ich handle wie ich handle. Das führt beispielsweise dazu, dass ich den Einsatz des benutzen Equipments neu überdenke sowie Inhalte und Umsetzung der Pferdeausbildung und die Kommunikation mit ihnen. So möchte ich ihre Reaktionen verstehen, suche nach Gründen für ihr Verhalten, um dann auch meinen Anteil daran zu erkennen.

DER ATEM

Mit der Geburt füllen wir unsere Lunge mit Sauerstoff und atmen das erste Mal ein, und mit dem Tod atmen wir unseren letzten Atemzug aus. Jedes Ein- und Ausatmen, das dazwischen stattfindet, etwa 20.000 – 24.000 unbewusste Atemzüge täglich, können wir entweder einfach geschehen lassen und als selbstverständlich ansehen, oder wir werden uns bewusst darüber, wieviel Macht die Kraft des Atmens über unseren Körper und unser Leben hat. Alles spiegelt sich in unserer Atmung wieder. Hören wir interessiert zu, halten wir gebannt den Atem an. Trauern wir, fühlen wir Druck auf der Brust und der Raum zum Atmen wird knapp. Erschrecken wir uns, stockt uns der Atem. Geraten wir in Panik, schnappen wir nach Luft und hyperventilieren vielleicht sogar. Wenn wir schlafen, vertieft unser Atem sich, unsere Gedanken hören auf, ihn festzuhalten und er erhält Raum, unseren Körper zu füllen.

Erforschen Sie Ihre Atemräume.

»Jeder Klang, den unsere Kehle gibt, beruht auf seinem Strömen. Jeder Gedanke, der uns durchzieht, wird von ihm beeinflusst. Jedes Gefühl, das in uns lebendig wird, lebt von seiner Kraft – jede Schwierigkeit in unserem Dasein sucht er auszugleichen bis zur Hilfe in großer Not – kurz: Atem ist Leben.«

Ilse Middendorf,
Begründerin einer Atemlehre, 1910-2009

Eine kräftige und tiefe Atmung wird mit vielen gesundheitlichen Vorteilen in Verbindung gebracht. Sie versorgt unsere Körpersysteme mit der lebenswichtigen Energie. Durch ein bewusstes Atemtraining können wir die Qualität unserer Atmung verbessern und auf diese Systeme einwirken. So lässt sich beispielsweise unser Blutdruck beeinflussen, aber auch unser Herz-Kreislauf- und Magen-Darm-System sowie Muskeln und Nerven. Bewusstes Atmen hilft uns dabei, uns besser zu konzentrieren, unsere Gedanken und Gefühle bewusster wahrzunehmen, uns zu aktivieren und auch zu entspannen. Der aktive Vorgang des Einatmens wird als Inspiration bezeichnet, von dem lateinischen Wort inspiratio, das Einhauchen, Einatmen. Es bedeutet aber auch, eine beflügelnde Idee haben, eine Eingebung oder einen Ausgangspunkt künstlerischer Kreativität.

Die Qualität unserer Atmung zeigt uns also an, wie es in unserem Inneren aussieht, wie wir beispielsweise mit Gehörtem, Gesehenem, Gefühltem, dem Erlebten umgehen, indem sie flach, tief, rhythmisch oder stockend ist.
Dieses Wissen können wir nutzen.

Gehen wir den umgekehrten Weg, machen wir uns unsere Atmung bewusst und nehmen Einfluss auf sie, wirken wir damit auf unseren Körper und unseren Geist ein. Wir erhalten durch sie gewissermaßen einen Zugang zu unserer Physiologie und Psyche. So gelingt es uns beispielsweise, Schmerzen durch einen bewussten Willensakt „wegzuatmen" oder wir beruhigen uns in einer hitzigen Situation, indem wir durch tiefe Atemzüge auf unseren Parasympathikus einwirken, einem der drei Komponenten des vegetativen Nervensystems, der für die unwillkürliche Steuerung der meisten inneren Organe zuständig ist. Indem wir in der richtigen Atemfrequenz im regelmäßigen Rhythmus atmen (kohärente Atmung), können wir das Zusammenspiel des Nervensystems mit den wichtigsten Körperfunktionen beeinflussen und optimieren.
Sicherlich kennen Sie das auch. Es gibt Tage, an denen Sie aufwachen und denken, „heute habe ich keine Kraft, um mich zu irgendetwas aufzuraffen, geschweige denn, mich auf irgendetwas zu konzentrieren". An solchen Tagen sind Sie vermutlich dankbar, dass Ihr Körper auch von selbst „am Laufen" bleibt und auch ohne Ihr bewusstes Dazutun eine Zeit überbrücken kann. Atmen tut er selbst und auch das Herz schlägt von selbst. Sie dürfen sich ausruhen. Gut, dass manche Dinge einfach funktionieren, ohne dass Sie sich darüber Gedanken machen müssen. Nehmen Sie sich dann jedoch die Zeit, um sich das Selbstverständliche näher anzuschauen und lenken Ihre Aufmerksamkeit auf Ihre Atmung, werden Sie spüren, welchen positiven Einfluss Sie durch sie auf die Gesundung und die Gesunderhaltung Ihres Körpers und Ihre Psyche nehmen können. Auch außerhalb der Übungen wird es in Ihnen weiterarbeiten.

ATEMRÄUME SCHAFFEN

Als Kind wurde mir in dem Moment bewusst, dass mich mein Atem am Leben hält, als er mich wegen einer asthmatischen Lunge in Schwierigkeiten gebracht hatte. Und auch danach war mir meine Atmung immer sehr präsent, da ich schon früh verschiedene Instrumente zu spielen begonnen hatte und später durch meinen Gesangs- und Schauspielunterricht. Bei all dem war sie jedoch immer mehr Mittel zum Zweck: um längere Phrasen halten zu können, meine Sprechstimme kräftiger klingen, den Klang der Stimme durch die intensive

Auseinandersetzung mit dem Zwerchfell angenehmer und sonorer werden zu lassen. Auch Atemtechniken sollten helfen, übermäßigen Druck von den sensiblen Stimmbändern zu nehmen und meine Stimme an meinen Körper und dem, was ich sagen will, anzuschließen.

Meine Fokussierung auf meine Atmung galt also immer dem Ziel, meine Stimme für meine Arbeit zu optimieren. Meine Entscheidung, meinen Alltag wie in meiner Kindheit wieder mit Pferden zu verbringen, war zu Beginn ausschließlich eine Entscheidung für einen gesünderen Lebensweg.

Doch wie hinlänglich bekannt, löst man keine Probleme, indem man die Symptome beseitigt. So war ich auch in der Pferdewelt mit den gleichen Dingen konfrontiert und überfordert wie im Theater: Leistungsdruck, eigene und fremde Erwartungen erfüllen müssen, mein Dilemma, wenn es darum geht, Grenzen zu ziehen ...
Im Zusammensein mit den Pferden hat sich etwas Grundlegendes in meiner Haltung und damit in meiner Lebensqualität geändert. Um mehr mit mir in Einklang zu kommen, habe ich gelernt, meinen Fokus auf meine Atmung zu lenken, ohne in Kategorien der Leistungsoptimierung zu denken. Diese Erkenntnis hat mir natürlich auch für meine Arbeit als Schauspielerin einiges an Erleichterung gebracht. Manchmal muss man jedoch andere, neue Wege gehen, um zu erkennen, dass der ursprünglich eingeschlagene gar nicht so falsch war.
Und noch etwas habe ich in diesem Prozess entdeckt: Es eröffnen sich viele erstaunliche Möglichkeiten, allein über die Atmung als „gemeinsamen Nenner", mit Pferden zu kommunizieren. Inzwischen gehe ich davon aus, dass ein Mensch, der ein Bewusstsein für seine eigene Atmung und für den seines Gegenübers entwickelt hat, auch ohne Kenntnis der Körpersprache der Pferde in der Lage ist, auf eine harmonische Art und Weise mit ihnen zu kommunizieren und in Einklang zu kommen. Harmonische Koexistenz ohne Missverständnisse ist möglich, ausgenommen sind anweisungsorientierte Kommunikationssituationen, wie sie in den meisten herkömmlichen von Menschen hergestellten Trainingssituationen zu finden sind.
Ich wollte mir nicht nur einen neuen Lebensraum schaffen, auch wollte ich Raum zum Atmen und die frische Luft aus der Natur mit einer Geruchsnote aus Pferdehaar und Erde.

ATEM AN – HIRN AUS

Die Bedeutung unserer Atmung geht also offensichtlich weit über die bloße Regelung unserer Lebensfunktionen wie beispielsweise dem Herzschlag, dem Verdauungssystem und dem Immunsystem hinaus. Sie ist eng verbunden mit unseren Emotionen und unserem körperlichen Wohlbefinden. Sie passt sich unserem individuellen Lebensrhythmus unbewusst an und gleichzeitig ist sie die einzige vegetative Funktion unseres Körpers, die wir willentlich steuern können.

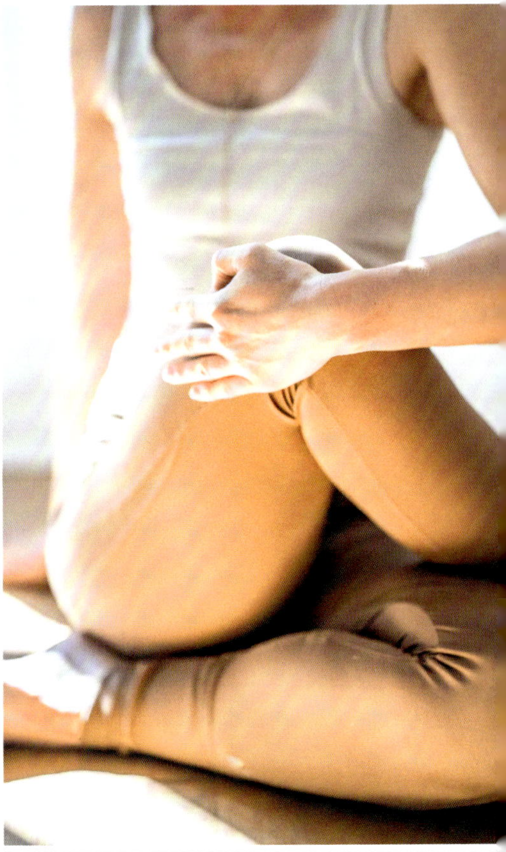

Der Drehsitz: Die Zwischenrippenmuskulatur wird gedehnt und der Brustkorb weitet sich. Der Atem bekommt dadurch mehr Raum.

Vernachlässigen wir unsere Atmung durch unsere Lebensgewohnheiten, die eventuell von Bewegungsmangel geprägt sind, können sich diese beispielsweise nachteilig auf die Atemmuskulatur auswirken. Die Zwerchfellmuskulatur, die für die Beförderung der Luft in die Lunge verantwortlich ist, wird schwächer und wir schöpfen das Potenzial unserer Atmung nicht aus.

Um uns natürlich aufrichten zu können und Körpersystemen die Möglichkeit zu geben, kohärent arbeiten zu können, müssen wir uns mit der Qualität unserer Atmung beschäftigen.

Die im Folgenden beschriebenen Atemtechniken sollen helfen, den eigenen Atem auszuprobieren, kennenzulernen und zu erfahren, was er alles kann. So können wir Atemräume wieder neu spüren und zurück zu einer natürlichen Atmung finden.

Sie brauchen dazu nur sich selbst. Was anfänglich noch sehr technisch erscheint, wird Ihnen irgendwann in Fleisch und Blut übergehen. Führen Sie ausschließlich nur die Übungen durch, mit denen Sie sich wohlfühlen. Nicht jede Übung ist für jeden Menschen geeignet und passt zur aktuellen Lebenssituation. Auch bleiben Sie nur so

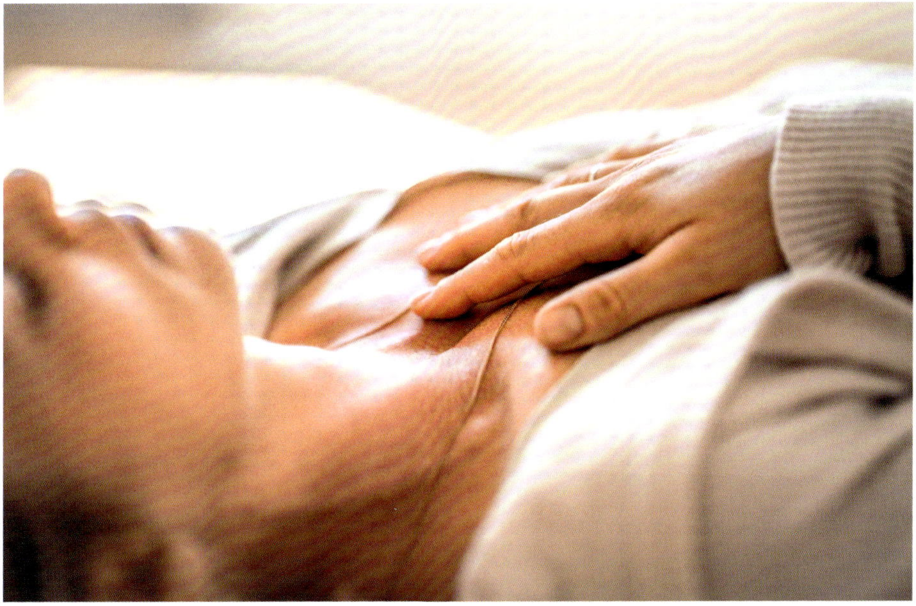

Unsere Atmung passt sich unseren Lebensgewohnheiten an …

»Mein Geist dürstet nach Taten, mein Atem nach Freiheit.«

Friedrich Schiller, deutscher Dichter und Dramatiker, 1759–1805

Legen Sie eine Hand auf Ihren Bauch und eine auf Ihre Brust und spüren Sie Ihrem Atem nach.

lange in der Übung, wie es sich für Sie gut anfühlt. Um im Hier und Jetzt anzukommen und Körper und Geist in Verbindung zu bringen, besteht eine der ersten und wichtigsten Übungen in der Achtsamkeitspraxis darin, zunächst den eigenen Atem wahrzunehmen, ohne ihn verändern und bewerten zu wollen. Nehmen Sie sich hierfür ein paar Minuten Zeit, bevor Sie anfangen, Einfluss auf Ihren Atem zu nehmen.

VOLLATMUNG

Die sogenannte Vollatmung stellt die ideale Form der Atmung dar.
Setzen oder legen Sie sich bequem hin. Um der linken fortwährend interpretierenden Hirnhälfte eine Pause zu gönnen, lenken Sie Ihre Gedanken, Ihre ganze Aufmerksamkeit, bewusst auf Ihren Atem.

— Legen Sie nun eine Hand auf Ihren Bauch und eine auf Ihre Brust und atmen tief in

VOLLATMUNG
Pranayama:
Prana = Energie
Ayama = Kontrolle

den Bauch ein, sodass sich die Hand auf dem Bauch deutlich nach oben bewegt. Atmen Sie dann aus und nehmen wahr, wie Ihr Bauch sich wieder senkt. Versuchen Sie Ihre Atmung mit jedem Atemzug tiefer werden zu lassen.

— Können Sie die Bauchatmung mental gut ansteuern, sodass sich Ihr Bauch anhebt, lenken Sie Ihre Aufmerksamkeit nun ein Stück weiter nach oben, hin zu den seitlichen äußeren Rippenbögen, der zweiten Aufmerksamkeitszone. Nehmen Sie mit dem nächsten Atemzug die Atmung in diesen Flankenbereich dazu, sodass, nachdem sich Ihre Hand auf dem Bauch nach oben bewegt hat, sich auch die seitlichen Rippen weiten. Erspüren Sie den Raum, der zwischen Ihren Rippen entsteht. Dann atmen Sie in der umgekehrten Reihenfolge aus. Die Schultern bleiben dabei locker und entspannt. Atmen Sie nur so tief, wie Sie sich entspannt und ruhig fühlen.
— Nun geht es weiter zur dritten Aufmerksamkeitszone, der Brust. Atmen Sie nun ganz gezielt, nachdem Sie Bauch- und Flankenbereich mit Ihrem Atem gefüllt haben, auch in Ihren Brustkorb. Nun hebt sich beim Einatmen zuerst der Bauch, dann weiten sich die Flanken, dann der Brustkorb. Dabei bleiben auch hier die Schultern locker und entspannt. Wieder erfolgt die Ausatmung in der umgekehrten Reihenfolge, während die Luft aus der Nase strömt und die Brust, die Flanken und zuletzt der Unterbauch sich senken.

Diese Übung hilft Ihnen, ein Bewusstsein für Ihre Atemräume zu entwickeln und die Lungenkapazität zu erweitern. Zugleich bauen Sie überflüssige Spannungen ab.

WECHSELATMUNG

Wechselatmung ohne Atempausen

Dieser Übung schreibt man mehrere Effekte für Körper und Geist zu. Durch das abwechselnde Atmen durch das linke und das rechte Nasenloch wird ein Luftwiderstand erzeugt. Dadurch wird zum einen das Zwerchfell trainiert und die Bauchatmung

WECHSELATMUNG
Anuloma Viloma:
Anuloma = dem Weg folgen
Viloma = die Richtung wechseln

Atmen Sie durch das eine Nasenloch ein …

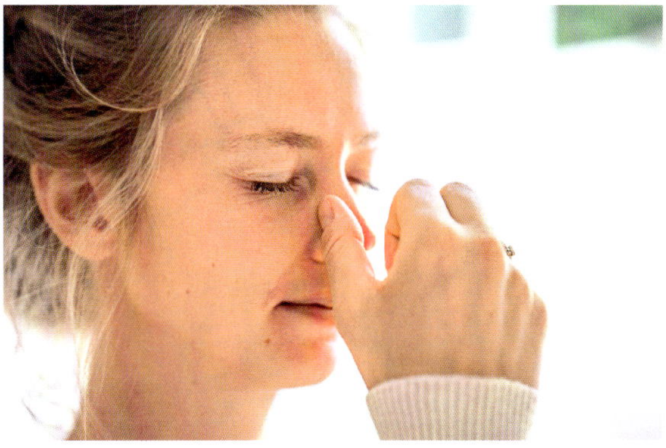

… und durch das andere Nasenloch wieder aus.

verbessert sich. Wir nehmen mehr Sauerstoff auf als bei der Mundatmung. Zum anderen hat die Wechselatmung eine ausgleichende und beruhigende Wirkung, indem – wieder mehr als bei der Mundatmung – das parasympathische Nervensystem aktiviert wird.[8]
Bringen Sie sich dazu in eine bequeme Sitz- oder Liegeposition und gehen in einer ersten Atemrunde wie folgt vor:

— Positionieren Sie Daumen und Ringfinger auf den Nasenflügeln.
— Lassen Sie Ihren Atem zuerst ruhig und frei fließen.
— Verschließen Sie nun das rechte Nasenloch sanft mit dem Daumen und atmen durch das linke Nasenloch ein und zählen dabei bis 4.
— Verschließen Sie anschließend das linke Nasenloch und atmen durch das rechte Nasenloch aus. Zählen Sie dabei bis 8.
— Atmen Sie jetzt rechts wieder ein und zählen dabei bis vier.
— Öffnen Sie das linke Nasenloch und atmen bis 8 zählend aus.

Nach einigen Wiederholungen werden Sie Ihren eigenen Rhythmus gefunden (4 : 8 oder auch 5 : 10) und den Ablauf verinnerlicht haben. Die Ausatmung sollte jedoch immer länger als die Einatmung sein, ohne dass Sie dabei verspannen. Führen Sie die Übung dann in umgekehrter Reihenfolge durch.
Diese Atempraxis ist die Grundlage für die Wechselatmung mit Atempause.

Wechselatmung mit Atempausen

Bei der Wechselatmung mit Atempausen entspannt sich der Körper und Energie kann ungehemmt fließen. Richtig und regelmäßig ausgeführt, kann sie eine heilsame Wirkung entfalten, indem sie auf Ihre innere Balance, aber auch auf Ihre Konzentrationsfähigkeit wirkt. Sie folgen dabei dem gleichen Prinzip wie dem in der vorherigen Übung mit dem Unterschied, dass Sie zusätzliche Atempausen einhalten, indem Sie nach dem Einatmen beide Nasenlöcher verschließen und bis 4 oder 5 zählen.
Damit kein Schwindelgefühl entsteht, achten Sie genau auf Ihren Körper und überfordern Sie sich nicht. Führen Sie die Übung zunächst nicht länger als 5 Minuten durch. Sind Sie dann geübt, weiten Sie die Übung zeitlich aus und steigern das Verhältnis auf 1 : 4 : 2. Sie zählen also bis vier beim Einatmen, bis 16 während der Atempause, bis 8 beim Ausatmen. Achten Sie bei der Ausführung darauf, dass Ihr Atem leicht und mühelos geht und Sie nicht verspannen.

KOHÄRENTE ATMUNG

Bei der kohärenten Atmung geht man davon aus, dass der beruhigende Effekt und die Reduzierung negativer Emotionen auf die Synchronisation der Atmung mit den anderen Körpersystemen zurückzuführen sind.[9]
Um die unterschiedlichen Körperrhythmen mit der Atmung in Einklang zu bringen,

KOHÄRENTE ATMUNG ODER AUCH RESONANZATMUNG

Kohärent: lateinisch cohaerere = zusammenhängen
Atmung und Herzfrequenz befinden sich im Einklang bei einer Atemfrequenz von sechs Atemzügen pro Minute. Bei dieser Rate atmen wir in unserer sogenannten Resonanzfrequenz.

[8] Vgl. Iyengar, B.K.S. (1984): Licht auf Pranayama. München: Otto Wilhelm Barth. S. 235 ff.

[9] Vgl. Pfurtscheller, G. in einem Beitrag über neue Ergebnisse aus der Hirnforschung von Däuble, W. In: Die Presse (3/2019): Ein synchronisierter Körper dank Yoga-Atmung (www.diepresse.com, abgerufen am [14.06.2022]).

Atmung und Herzfrequenz befinden sich im Einklang.

senkt man die Atemfrequenz bewusst auf sechs Atemzüge pro Minute für die Dauer von etwa 10 Minuten. Dabei sind die Atemzüge kontrolliert und tief und für das Ein- und Ausatmen gleich lang.
Begeben Sie sich dazu in eine bequeme Position, liegend, im Schneidersitz oder auf einem Stuhl sitzend.

— Beobachten Sie Ihre Atmung. Wie viele Atemzüge machen Sie pro Minute über einige Minuten hinweg durchschnittlich?
— Wenn Ihre Atemfrequenz hoch ist, versuchen Sie sie zunächst einmal auf zehn zu bringen und reduzieren sie dann weiter.
— Verlangsamen Sie Ihre Atemfrequenz über ein paar Minuten hinweg, bis Sie eine Frequenz von fünf oder sechs Atemzügen pro Minute erreicht haben. Achten Sie darauf, dass Sie gleichmäßig ein- und ausatmen, ohne Ihren Atem herauszuziehen oder zu drücken. Sollte die Atemfrequenz sich nicht gut anfühlen, gehen Sie einen Schritt zurück und passen sie an.

Diese bewusst durchgeführte langsamere, ausgeglichenere Atmung kann durch regelmäßiges Üben in die unbewusste Alltagsatmung übernommen werden.

Jedes Equipment, das wir am Pferd nutzen, sollte sorgsam ausgewählt und angepasst werden.

ATMEN UND ATMEN LASSEN

Wie auch beim Menschen ist die Atmung des Pferdes vom vegetativen (autonomen) Nervensystem gesteuert. Neben dem positiven Einfluss, den wir auf die Atmung des Pferdes nehmen können und die Möglichkeit über die Atmung mit ihm zu kommunizieren, werden im folgenden Kasten ein paar Situationen beschrieben, die in der Folge negative Auswirkungen für das Pferd haben. Um sensibel zu werden für die Beeinflussung der Atemfrequenzen und Atemqualitäten des Pferdes, müssen wir zunächst unseren Blick schärfen und uns bewusst machen, welche Faktoren Einfluss nehmen. Achten Sie in Alltagssituationen auf Bewegungen des Brustkorbs, die besonders gut im Flankenbereich sichtbar werden oder auch auf das Weiten der Nüstern bei jedem Atemzug.

Im Folgenden sind einige Übungen beschrieben, die Sie im Zusammensein mit den Pferden für die Wahrnehmung der Atmung und Ihren Einfluss auf diesen sensibilisieren.

WAHRNEHMEN DES ATEMS

Legen Sie Ihre Hände leicht versetzt auf den Brustkorb Ihres Pferdes. Üben Sie dabei keinen zusätzlichen Druck aus.

— Nehmen Sie die Bewegungen seines Brustkorbs wahr. Eventuell wird Ihr Pferd zu Beginn unregelmäßig atmen oder sogar die Luft anhalten.
— Warten Sie ab, bis Sie einen regelmäßigen Atemrhythmus wahrnehmen können

AUFGEPASST![10]

- Durch unser Gewicht auf dem Pferderücken beeinflussen wir die Bewegungsfreiheit des Brustkorbs und damit die der Atemmuskulatur, besonders wenn der Reitende stark „klemmt".
- An der Inspiration und Exspiration der Lunge sind der Muskel serratus dorsalis cranialis und der Muskel serratus dorsalis caudalis beteiligt. Kopfeisen und Sattelkissen liegen im Bereich dieser Muskeln. Deshalb ist ein sorgsam ausgewähltes und angepasstes Equipment so entscheidend für die uneingeschränkte Leistungsfähigkeit des Atmungsapparates.
- Übermäßiger Schenkel- oder Sporeneinsatz lassen das Pferd verkrampfen und nehmen somit Einfluss auf die Atmung.
- Neben anhaltendem Stress, können auch Läsionen oder Bewegungseinschränkungen in der Lendenwirbelsäule negativen Einfluss nehmen auf die muskulären Abspaltungen des Zwerchfells (Zwerchfellpfeiler) und auf das Diaphragma selbst.
- Die Gurtung sollte das Pferd in seiner Atmung nicht so stark einschränken, dass es sich schon als Reaktion auf das bevorstehende Angurten stark aufbläht. Auch wenn auf den echten Rippen (sie sind direkt über ihren knorpeligen Anteil mit dem Brustbein verbunden) gegurtet wird, braucht der Brustkorb an dieser Stelle die Möglichkeit, sich ausdehnen zu können, um eine freie Atmung zu gewährleisten.

oder es tief durchatmen kann. Ihre ruhig liegenden Hände haben dabei den Effekt eines Aufmerksamkeitssignals.
Mit Ihren Händen auf dem Brustkorb wird das Pferd vermehrt in Ihre Hände atmen und so einen größeren Atemraum schaffen.

- Vergessen Sie dabei nicht, selbst bewusst und langsam durch die Nase zu atmen.
- Fühlen Sie die Atembewegung Ihres Pferdes und versuchen nun Ihre Atmung mit der Ihres Pferdes zu synchronisieren.

Pferde beginnen in der Regel in die Hände zu atmen bzw. dahin, wo sie berührt werden. Dadurch kann ihr Atem in tiefere Bereiche gelangen, in die sie zuvor nicht geatmet haben. Sie erhalten so die Möglichkeit, ihr Zwerchfell zu entspannen, das eventuell vorher festgehalten war, und es kann seiner ursprünglichen Funktion wieder nachgehen. Nehmen Sie sich auch die Zeit, einmal „mit" dem Pferd zu atmen, während Sie auf ihm sitzen. Versuchen Sie den Atem Ihres Pferdes

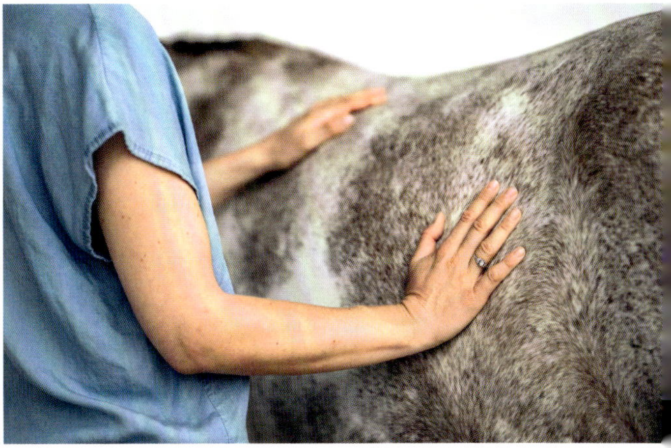

Helfen Sie Ihrem Pferd, neue Atemräume zu schaffen.

[10] Vgl. König, H. E., Liebich, H.-G. Hrsg. (2018): Anatomie der Haustiere. Lehrbuch und Farbatlas für Studium und Praxis. Stuttgart: Thieme. 7. Auflage. S. 158+159

wahrzunehmen, zu fühlen – erst im Stehen, dann im Schritt und dann im Trab. Ein Sattel kann Ihre Wahrnehmung für Atembewegungen des Rumpfes zu Beginn erschweren. Versuchen Sie es doch einfach einmal ohne und, um den Rücken Ihres Pferdes etwas besser zu schützen, vielleicht mit einem Reitpad.

AUSSTREICHEN

Mit dem Ausstreichen erreichen Sie eine Entspannung der Zwischenrippenmuskulatur.

- Streichen Sie mit Ihren Fingern sanft den Raum zwischen zwei Rippen von oben nach unten aus.
- Achten Sie auf Verhärtungen und die mit der Wiederholung zunehmende Elastizität des Gewebes.
- Versuchen Sie Ihren eigenen Atem dabei ruhig fließen zu lassen.

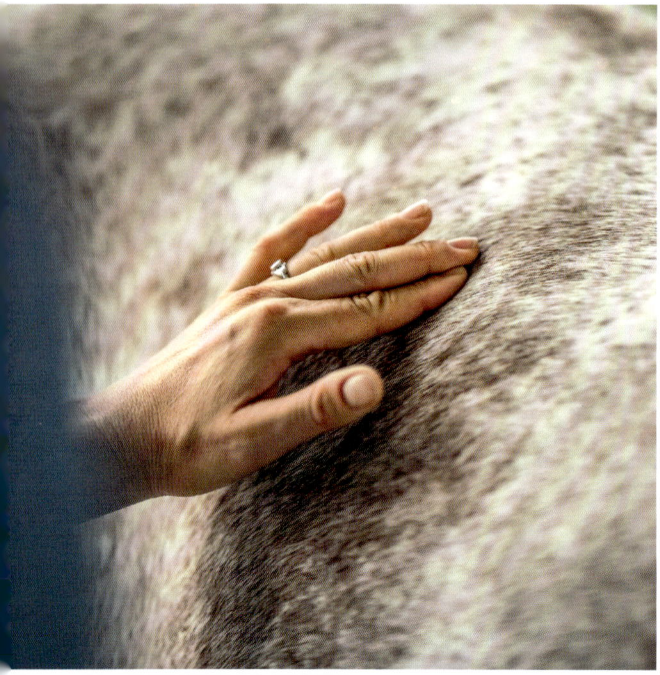

Sanftes Ausstreichen der Zwischenrippenmuskulatur

DEN ATEM LENKEN

Sie sitzen auf dem Pferd, doch nichts fühlt sich richtig an. Sie verkrampfen, spüren vielleicht sogar eine Bewegungseinschränkung in einem Ihrer Körperbereiche.

- Machen Sie sich bewusst, in welchen Bereichen Ihres Körpers Sie sich „festhalten“.
- Versuchen Sie Ihren Atem in genau diesen Körperteil zu schicken und sich vorzustellen, wie er diesen wieder weitet und entspannt.
- Reicht das nicht aus, machen Sie eine Gegenbewegung im Körper, um den Vorgang nochmals zu verstärken. Beim Einknicken z. B. Ihrer linken Körperseite, strecken Sie den linken Arm nach oben und atmen bewusst in den Teil des Rippenkastens der verkrampften Seite. Dadurch geben Sie ihm wieder „Länge“ und Ihr Körper wird sich wieder mittig und ausbalanciert anfühlen.

Dabei ist es nicht erforderlich, die Übung, in der Sie sich mit Ihrem Pferd befinden, zu unterbrechen. Eine Traversale lässt sich zur Übung auch einmal gut mit einem nach oben in die Luft gestreckten Arm reiten. In diesem Fall würde der innere Arm (Rechtstraversale= rechter Arm) in die Luft gestreckt werden, um dem Einknicken Ihres Körpers im rechten Flankenbereich entgegen zu wirken. Sie reiten so für einen Moment einhändig. So können Sie in Bewegungsrichtung sitzen und lassen Ihr Gewicht nicht versehentlich auf Ihren äußeren Gesäßhöcker fallen. Auch wird dem „Festhalten“ am inneren Zügel, was als häufiger Fehler zu beobachten ist, vorgebeugt.
Im Idealfall spüren Sie die direkte Auswirkung Ihrer Sitzkorrektur, indem Ihr Pferd seine Bewegung mit mehr Leichtigkeit ausführt, da Sie es durch Ihren Sitz nicht mehr „stören“.

Erforschen Sie Bereiche in Ihrem Körper, die sich verspannt anfühlen, und lenken Sie Ihren Atem dorthin.

ATEM IST BEWEGUNG

Sie können noch so gut auf dem Pferd sitzen, halten Sie den Atem an oder stauen ihn in der oberen Brusthälfte, kann keine Bewegung durch den Körper fließen. Das wiederum hat direkte Auswirkungen auf unseren Körper und als Konsequenz natürlich auf den des Pferdes. Das ist reine Physik.
Stellen Sie immer sicher, dass Sie nur die schon bekannten Atemübungen auf dem Pferd machen. Sind Sie sich nicht sicher, ob eine Atemtechnik Ihnen Schwindel bereiten könnte, lernen Sie sich und Ihre Atmung erst an einem sicheren Ort kennen, am besten am Boden, ohne harte Gegenstände in der Nähe. Falls Ihnen einmal schwarz vor Augen werden sollte, kann so nichts passieren.
Fangen Sie damit an, mit Ihrer Atmung zu experimentieren. Sie werden spüren, wie sie Einfluss auf Ihren Muskeltonus und die Ausrichtung der verschiedenen Bereiche Ihres Körpers nimmt und sich damit die Bewegungsqualität Ihres Pferdes verändert.
Folgender Ablauf ist mit dem Pferd beim Reiten und auch in der Arbeit am Boden möglich:

— Reiten Sie Übergänge im Rhythmus Ihrer Atmung: einatmen = antraben, ausatmen = Schritt. Reiten Sie für die Länge Ihrer Ausatmung Schritt und für die Länge Ihrer Einatmung Trab. Verlängern Sie dabei Ihr Einatmen wie Ihr Ausatmen.

01 Atemübungen auf dem Pferd beeinflussen nicht nur die Haltung des Reitenden, sondern auch die Bewegungsqualität des Pferdes.

02 Spüren Sie, wie sich Ihr Sitz mit Ihrer Ein- und Ausatmung verändert. Intensivieren Sie für einen Moment die Bewegung Ihrer Wirbelsäule und des Beckens, die durch Ihre Ein- und Ausatmung entsteht.

01

02

TIPP
Besonders um geschmeidige Übergänge zu reiten und sie nicht abrupt werden zu lassen, ist ein Einatmen für den Übergang zum Schritt als Übung sehr hilfreich, um dem Pferd das nötige Vorwärts im Übergang nicht zu nehmen. Dabei lassen Sie deutlich Luft in Ihren Bauch einströmen und entspannen dabei Ihren Beckenbereich.
Haben Sie eher Schwierigkeiten überhaupt in die niedrigere Gangart zu finden, atmen Sie beim Übergang aus.

— Wenn Ihr Pferd eher eilig unterwegs ist und vermehrte Spannung in den Übergängen zeigt, drehen Sie doch einmal Ihren Atemrhythmus um: ausatmen = Übergang zum Trab, einatmen = Übergang zum Schritt. Schauen Sie, was Ihnen beiden leichter fällt.

Es gibt viele Formen der „Zustimmung". Auch wenn Sie lachen, fällt überflüssige Spannung ab, das wiederum überträgt sich auf Ihr Pferd.

AUSATMEN ALS ZUSTIMMUNG

Wir haben unterschiedliche Möglichkeiten unser Pferd zu loben. Wir setzen dazu entweder unsere Stimme ein, berühren es, oder loben es durch Beenden einer Übung oder durch den Wechsel in eine weniger fordernde. Durch den bewussten Einsatz unserer Atmung haben wir eine weitere Möglichkeit, auch innerhalb einer Lektion „zuzustimmen", ohne dass wir das Pferd eine Übung sofort beenden lassen müssen.
Fokussieren Sie sich auf Ihre Atmung, während Sie eine Lektion wie z. B. Schulterherein reiten.
Versuchen Sie in dem Moment, in dem die Lektion besonders gut klappt, ganz entspannt auszuatmen (Ausatmen verlängern und den Atem aus dem Körper fließen lassen).
Reiten Sie die Übung noch für ein paar Schritte, Tritte oder Sprünge weiter, bevor Sie in die weniger fordernde oder in die Pause übergehen.
Ihr Pferd wird motivierter sein, die Lektion erneut auszuführen und schneller zu seinem maximalen momentanen Potenzial innerhalb der Übung kommen.

EMOTIONEN VERBINDEN
— *Gefühlswelten*

BRÜCKENSCHLAG

»Wer mit den Augen eines anderen sehen, mit den Ohren eines anderen hören und mit dem Herzen eines anderen fühlen kann, der zeichnet sich durch Gemeinschaftsgefühl aus.«

Alfred Adler,
Arzt und Psychotherapeut, 1870–1937

Jeden Tag treffen wir bewusst und auch unbewusst unzählige Entscheidungen. So beispielsweise, welche Kleidung wir für den neuen Tag tragen wollen, in welchem Tempo wir zur Arbeit fahren, ob wir uns mit Freunden treffen, aber auch, ob wir zuerst zum linken oder zum rechten Schuh greifen, wenn wir uns anziehen. Etwa 20.000 Entscheidungen kommen so täglich zusammen, die sich in der Regel mit Vernunft weder erklären noch verstehen lassen, weder für einen Beobachtenden noch für den, der sie getroffen hat. Es sind unsere Emotionen, unsere inneren Empfindungen, die uns helfen, diese Aufgabe zu bewältigen. Biologisch gesehen sind sie komplexe Verhaltensmuster, die als Reaktion auf bewusste oder unbewusste Wahrnehmungen eines Ereignisses oder einer Situation ausgelöst werden. Als eine Art emotionales Bewertungssystem, dass sich aus Gefühlen, den resultierenden Reaktionen und Denkprozessen zusammensetzt, helfen sie uns dabei, auf alltägliche Situationen und Ereignisse durch Vergleich und Interpretation zu reagieren. Primär lenkt also nicht die Vernunft unser Handeln, sondern unbewusste Affekte und Emotionen, zu denen wir keinen Zugang haben. „Bewusstes Denken, emotionale Reaktionen und die im Volksmund Intuition genannten Einflüsterungen unbewusster Verarbeitungsprozesse gehen in der Praxis Hand in Hand."[1]

Nach heutigem Wissensstand gehen wir davon aus, dass es sieben Grundemotionen gibt, die jeder Mensch von Natur aus und schon von Geburt an in sich trägt und empfinden kann: Freude, Trauer, Ekel, Angst, Überraschung, Wut und Verachtung. Sie sind in allen Kulturen der Welt vertreten und werden überall nahezu gleich körpersprachlich ausgedrückt und auch vom Gegenüber erkannt.[2] Ekman beschreibt diese als „eine spezielle Art von automatischer Bewertung der Lage, die von unserer evolutionären und persönlichen Vergangenheit

---

[1] Roth, G. (2007): Ratio in Maßen. In: Gehirn & Geist, 11/2007.

[2] Vgl.: Ekman, P. (2016): Gefühle lesen. Berlin: Springer. S. 1 – 23.

beeinflusst ist".[3] Immer verfolgen sie dabei unbewusst einen gewissen Sinn und Zweck. Über die durch eine Emotion ausgelösten körperlichen Reaktionen kommunizieren wir nonverbal unsere Grundbedürfnisse. So steckt hinter der Emotion Angst und seinem unmissverständlich körperlichen Ausdruck wie z. B. eine geduckte Haltung, häufiges Umschauen, Zittern, Fluchtreaktion oder Erstarren, das Bedürfnis nach Sicherheit. Der Ausdruck von Ekel kommuniziert den Hinweis auf ein verdorbenes Nahrungsmittel und hat somit eine Schutzfunktion. Ein Weinen, ausgelöst durch die Emotion Trauer, kommuniziert das Bedürfnis nach Trost, Unterstützung und Zuwendung. Werden persönliche Grenzen überschritten, äußert sich die Emotion Wut in einer Mimik und Körperhaltung, die uns ebenso schützen wie auch dabei helfen soll, uns zu wehren. Als emotionale Lebewesen ist es also überlebenswichtig, unsere Gefühle zu zeigen. Auch unsere Pferde sind emotionale Lebewesen. Schauen wir uns die beim Menschen nachgewiesenen Grundemotionen an, zeigen auch unsere Pferde für uns wahrnehmbar und auch nachweisbar einige davon in physiologischen Reaktionen und ihrem Ausdrucksverhalten.

Stimmungsbilder wie Trauer, Wohlbefinden, Freude, Wut/Ärger ähneln denen des Menschen. „Damit haben wir eine Gemeinsamkeit identifiziert, die auch durch den ähnlichen Aufbau des uns gemeinsamen Säugetiergehirns gestützt werden kann. Wie auch wir Menschen verfügen die Pferde über ein limbisches System (Limbisches System, Mandelkern, Amygdala). Das ist der Teil im Gehirn, der für die Möglichkeit sorgt zu fühlen und soziale Strukturen zu bilden."[4]

Das Ursprüngliche, das Mensch und Pferd so verbindet, sind also Emotionen. Sie können die Brücke zwischen ihrer und unserer Welt sein. So kann auch das Gefühl einer Verbundenheit entstehen und die Kommunikation zwischen Pferd und Mensch wird möglich. Lassen wir uns auf diesen emotionalen, ursprünglichen Weg ein, bleibt das Ausdrucksverhalten unserer Pferde nicht mehr nur ein Puzzle aus leeren und uns sinnlos erscheinenden Verhaltensmustern, die uns entweder gefallen oder nicht. In diesem Buch weise ich immer wieder auf Studien und Erkenntnisse aus der Forschung hin, die uns dabei weiterhelfen können, unsere Pferde und das, was zwischen ihnen und uns geschieht, zu verstehen. Geht es jedoch um die große, komplexe Welt der Gefühle, kann uns trotz des Fortschritts in der Neuro- und Verhaltensbiologie bisher niemand eindeutige Antworten auf unsere Fragen geben. „Wir können zwar das Verhalten, die physiologischen Prozesse und jeden noch so kleinen elektrischen Impuls im Gehirn eines Tiers messen. Aber das Empfinden, das subjektive Erleben, lässt sich schlichtweg nicht *objektiv* erfassen."[5] Der Versuch, Gefühle in Kategorien einzuteilen oder ihre Wirkung zu messen, hilft vielleicht dabei, über sie sprechen zu können. **Es wird jedoch wohl nie jemand in der Lage sein, genau das zu fühlen oder „nachzuempfinden", was wir gerade selber fühlen. Es lässt sich eben keine Kopie eines Gefühls von A nach B transportieren.** Reden wir also für einen Moment nicht mehr über das, was wir bereits wissen, sondern über das, was wir noch alles erfahren können, wenn wir uns öffnen und zulassen zu fühlen.

---

3 Ekman, P. (2016): Gefühle lesen. Berlin: Springer. S.18.

4 Neugebauer, G. M., Neugebauer, J. K. (2020): Lexikon der Pferdesprache. Neue Wege zur artgerechten Kommunikation. Stuttgart: Ulmer. 2. Auflage. Seite 7.

5 Kästner, N. (2020): Haben Tiere Gefühle? ETHOlogisch – Verhalten verstehen (www.ethologisch.de, abgerufen am [14.06.2022]).

Was wir empfinden, wie intensiv unsere Gefühle sind, welche und was davon wir offenbaren, ist von unserer ganz individuellen Geschichte abhängig.

DAS GEFÜHL DER VERBUNDENHEIT

Wir alle sehnen uns nach dem Gefühl der Verbundenheit, nach vertrauensvollen Beziehungen, in denen unser Gegenüber es aufrichtig mit uns meint und wir uns wortlos verstehen. Nach dem Kommunikationswissenschaftler Friedemann Schulz von Thun zeigt diese Sehnsucht eines unserer vier seelischen Grundbedürfnisse an, neben dem Empfinden von Eigenwert, einem ausreichenden Grad an Freiheit und dem Bedürfnis, geliebt zu sein.

»Das Herz hat seine Gründe, die die Vernunft nicht kennt.«

Blaise Pascal, französischer Mathematiker und Philosoph, 1623–1662

Fragt man uns, wie wir eine emotionale Bindung, ein Zugehörigkeitsgefühl wahrnehmen, können wir dies meistens nur schwer in Worte fassen. „Wir sind Seelenverwandte", „Wir verstehen uns ohne Worte", „Wir vertrauen uns blind" . So und ähnlich lauten dann unsere Beschreibungsversuche.
Das jedoch, was sich in diesen Äußerungen spiegelt, hat nicht nur im zwischenmenschlichen Bereich eine Bedeutung, es führt uns zu unserem Bedürfnis nach Verbundenheit, die wir auch in der Begegnung mit unseren Pferden suchen und finden können.

Was wir empfinden, wie intensiv unsere Gefühle sind, welche und was davon wir offenbaren, ist von unserer ganz individuellen Geschichte abhängig.

Ich bin glücklich darüber, dass ich in der Begegnung mit den Menschen, die zu mir kommen, wahrnehme, dass sie ihr „Herz am rechten Fleck" haben. Ich muss sie nicht mehr davon überzeugen, dass ihre Pferde Gefühle haben. Sie würden das Gefühl, das sie im Zusammensein mit den Pferden haben, mit dem, was für die zwischenmenschliche Verbundenheit gilt, vergleichen. Beziehungen werden hier als „Räume der Sicherheit" betrachtet, „als Rückzugsorte, an denen sie sich zeigen können, wie sie sind, und aus denen sie Kraft schöpfen können für die Herausforderungen und Unwägbarkeiten des Lebens."[6] Ich lerne auch immer wieder Pferde kennen, die sich durch die Beziehung zu ihren Menschen sicher und wohlfühlen.
Nehmen wir unsere Gefühle ernst und lassen ihnen den Vortritt, werden Beziehungen zu Menschen, Tieren, zur Natur und zu uns selbst möglich und eine Verbundenheit wird spürbar.

Ich selbst bin so gerne mit meinen Pferden zusammen, weil ich mich in ihrer Kraft wiederfinde, genauso wie in ihrer Furcht und ihrer Neugierde auf das Leben.

GEFÜHLE AUF IRRWEGEN

Damit wir die Emotionen unserer Pferde wahrnehmen können, benötigen wir also den Zugang über unser Herz. Lassen wir unsere Handlungen jedoch ausschließlich von unseren Gefühlen steuern, laufen wir Gefahr, Wichtiges zu „übersehen" und Unrecht zu tun. Um unsere Pferde lesen zu lernen, benötigen wir eben auch unseren Verstand. Wissen wir zu wenig um ihre artspezifischen Ausdrucksfähigkeiten, bleibt uns nur der Schluss von unseren Gefühlen auf die der Pferde und schon befinden wir uns in der Sackgasse der Vermenschlichung. Damit ist nicht gemeint, dass wir unsere Pferde, weil wir sie nicht vermenschlichen wollen, wie „Tiere" behandeln und ihnen weniger Rechte zuschreiben oder ihnen die Fähigkeit zu fühlen und zu denken abstreiten. Auch ist damit nicht gemeint, dass wir ihnen nicht mit demselben Verständnis und derselben Empathie begegnen, die wir uns im Umgang mit Menschen wünschen. Vielmehr bedeutet Vermenschlichung, wenn wir dem Pferd den gleichen emotionalen Antrieb und dasselbe strategisches Denken zuschreiben, das wir selbst haben.
Von uns selbst auf andere zu schließen, ist das, was uns auf dem Weg, unsere Pferde in ihrer Natur wahrnehmen und verstehen zu können, in die Irre leitet. Kennen wir unsere Bedürfnisse und Reaktionen in Ausnahmesituationen, kennen wir noch lange nicht die unseres Pferdes oder aber auch unseres menschlichen Gegenübers. Auf einen plötzlich auftretenden Reiz, wie z. B. ein Geräusch, wird jeder Körper in Bruchteilen von Sekunden mit Kampf, Flucht oder Verharren reagieren. Welche dieser Möglichkeiten wir oder das Pferd präferieren, ist abhängig von der Art des Reizes (visuell,

[6] Auffenberg, L., Kratzer A.: Sehnsucht nach Verbundenheit, in: Psychologie Heute, 12/2020.

taktil, auditiv) und kann zusätzlich aufgrund individueller psychischer Eigenschaften unterschiedlich sein. Schon seit Urzeiten gibt es diese automatischen Reaktionen bei uns Menschen wie bei den Tieren.

Sicherlich kennen Sie das Spiel „Ich sehe was, was du nicht siehst und das ist ..."

Ich stelle mir manchmal vor, die Pferde spielten es mit uns und würden uns sagen: „Ich fühle was, was du nicht fühlst (siehst und wahrnimmst) ... und das ist ..."

Verschließen wir uns unseren eigenen Gefühlen, wird es uns nicht möglich sein, Empathie für unsere Pferde zu empfinden. Ignorieren wir den großen Schatz an Wissen über ihr Ausdrucksverhalten, werden wir in keinen fairen Dialog mit ihnen treten können.

Es gab eine Phase in meinem Leben, in der ging es mir mehr um die Frage, was ich mit meinen Pferden erreichen möchte, welchen Ausbildungsstand ich mir für sie in der Zukunft wünsche. Dabei verlor ich manchmal aus den Augen, welche Bedeutung meine Ziele und Wünsche für ihr Leben, ihr Wohlbefinden hatten. Heute geht es mir um die

Von uns selbst auf andere zu schließen, ist das, was uns auf dem Weg, unsere Pferde in ihrer Natur wahrnehmen und verstehen zu können, in die Irre leitet.

Frage, wie ich mich fühlen möchte, wenn ich mit meinen Pferden zusammen bin und welches Gefühl ich mir für sie wünsche, das sie im Zusammensein mit mir haben sollten. Ich möchte, dass alles, was sie lernen, ausschließlich zu ihrem eigenen Vorteil ist und aufgrund ihres individuellen Körpers und ihrer individuellen Talente Sinn für sie macht. Es geht mir nun also vorwiegend darum, wie es mir gelingen kann, dass sie sich in allem, was sie mit mir zusammen erleben, in ihrem höchsten Komfortgefühl bewegen, ob ich nun mit ihnen bestimmte Bewegungsabläufe trainiere oder mit ihnen losziehe und Abenteuer erlebe. Bei allen Herausforderungen, gleich ob nun körperlicher und/ oder mentaler Art, sollen dabei Angst, Verzweiflung und Not oder die Vermeidung von Unangenehmem niemals Antrieb und Motivation sein, eine Lösung zu finden. **Ich wünsche mir für sie, dass sie sich ebenso wohlfühlen mit mir, wie ich mich mit ihnen und dass ihnen ebenso wie mir „das Herz aufgeht", wenn wir uns sehen.**

„Polly" ist das letzte Shetty, das bei meinem Großvater geboren wurde. Jetzt lebt sie bei mir.

EIN FREUNDSCHAFTS-ANGEBOT

Häufig werde ich gefragt, ob das Pferd eine Wahl hat, oder ob es nicht unserem Wunsch nach Bindung und Beziehung ausgeliefert sei. Ja, zunächst einmal ist das Pferd unserem Wunsch nach Bindung und Beziehung ausgeliefert, denn es lebt in Abhängigkeit von uns. Dennoch kann eine Freundschaft zwischen Mensch und Pferd entstehen. Es entscheidet jedoch das Pferd selbst, ob es das Freundschaftsangebot auch annimmt. Auch in der Mensch-zu-Mensch-Beziehung stellt eine Abhängigkeit kein Hindernis für eine Freundschaft dar. Sie stellt aber auch nicht automatisch eine Verbundenheit her. **Ob wir Freund oder Freundin für jemanden werden, zeigt sich, wenn wir trotz der Abhängigkeit Sympathie für einander entwickeln.** Ob unsere Pferde sich uns „freiwillig verbunden" fühlen, wird sichtbar, wenn wir dafür gesorgt haben, dass es ihnen an nichts und niemandem fehlt, ihre Grundbedürfnisse gestillt sind und sie nicht aus der Not heraus mit uns in Kontakt treten müssen. Möchten wir herausfinden, wie unser Pferd uns wahrnimmt, wie es „zu uns steht", hilft ein echtes „Gespräch". Darin sollten wir uns mit Informationen zurückhalten und uns im „Zuhören" üben, denn „gelingt es uns, die Selbstbezogenheit zu überwinden, könnten wir besonders auf Mimik, Gestik und Körperhaltung achten."[7]

EIN „KLANG"

Meine eigene Wahrnehmung von Verbundenheit und die dadurch entstehende Stimmung drücken sich am besten über ein Bild aus der Welt der Musik aus. Immer, wenn ich Zeit in einer Herde oder in einer harmonischen Pferdegruppe verbringe und zulasse, ein Teil ihres Rhythmus zu werden, ihre Stimmung zu fühlen und mitzuschwingen, kann mein Verstand für eine Weile ruhen und meine Gedanken können sich beruhigen. Durch die gleiche Schwingung entsteht die Verbundenheit zwischen ihnen und mir. Wir befinden uns dann auf einer Wellenlänge, kommen in Einklang miteinander. Hier entsteht dann das Gefühl der tiefen Verbundenheit bis hin zu dem Gefühl, ein Teil von ihrem Verbund sein zu dürfen.

Dieses Phänomen zwischen mir und einem Pferd oder auch einer Herde lässt sich nur zu einem Teil mit dem, was der Fachbegriff „Stimmungsübertragung" beschreibt, greifen. Nervenzellen, sogenannte Spiegelneuronen, sorgen demnach durch wechselseitige Spiegelung von Bildern und Gefühlen dafür, dass bei der Beobachtung eines Vorgangs dieselben Areale im Gehirn aktiviert werden und Reaktionen auslösen wie auch bei der eigenen Ausführung des Vorgangs. So wie wir uns von einem Gähnen „anstecken" lassen können, kann also der bloße Anblick eines dösenden Herdenmitglieds ein Pferd dazu veranlassen, ebenfalls zu dösen. Es handelt sich hier also nicht um eine Nachahmung eines Verhaltens, sondern um die Synchronisation des Verhaltens von Sender und Empfänger.[8] Spiegelneuronen sorgen dabei bei Pferden für die Fähigkeit zu „einer abgestuften Form von Empathie".[9] Stimmungsübertragungen zeigen Pferde u. a. auch beim Einleiten und Beenden von Ruhephasen, beim Fliehen, Spielen, Wandern und Warnen und stärken damit das soziale Miteinander in der Gruppe und die Bindung zwischen den Herdenmitgliedern.

---

[7] Auffenberg, L., Kratzer A.: Sehnsucht nach Verbundenheit, in: Psychologie Heute, 12/2020.

[8] Vgl. Neugebauer, G. M., Neugebauer, J.K. (2020): Lexikon der Pferdesprache. Neue Wege zur artgerechten Kommunikation. Stuttgart: Ulmer. 2. Auflage. S. 15.

[9] ebd. S. 154

Auch in der Mensch-Pferd-Begegnung werden Stimmungen übertragen. Sind wir beispielsweise ängstlich, übertragen wir diese Emotion und unser Pferd kommt zu einer ebensolchen Einschätzung der Situation wie wir.
Doch wie schon gesagt, erklärt der Begriff der Stimmungsübertragung nur einen Teil von dem, was ich als Kommunikationsebene bei den Pferden wahrnehme.

SCHWINGUNGEN

Was ich im Zusammensein mit den Pferden fühle und wahrnehme, visualisiere ich mir gerne mit dem Bild einer Harfe. Stellen Sie sich in jedem Pferd und Ihnen selbst die Saiten einer Harfe vor. Jede der vielen Saiten steht für ein Gefühl. Lässt ein Pferd eine Saite erklingen, schwingt in jedem, der auch diese Saite besitzt, der gleiche Ton mit, sodass es zu einer „Überein" Stimmung kommt und ein (Ein-)Klang entsteht. Eine Saite/ein Gefühl kann jedoch nur etwas in mir zum Mitschwingen bringen, wenn ich auch die passende Saite besitze, die in derselben Frequenz mitschwingen kann. Ich spinne das Bild noch weiter, mit dem Wissen, dass bei einer in Schwingung gebrachten Saite nie nur ein Ton entsteht. Ein Ton beinhaltet immer mehrere Töne, die wiederum bei dem Gegenüber zusätzliche Saiten zum Schwingen bringen. So entsteht ein ganzer Klangteppich aus Tönen/Gefühlen, alle jedoch in einer Harmonie/Stimmung.

Stellen Sie sich vor, jede Saite einer Harfe steht für ein Gefühl. Bringen Sie die Saiten zum Schwingen.

Mein Herz ist es, das schwingt und den Klang der Herde aufnimmt und so Teil von ihr wird.

Habe ich ein Bewusstsein, für die „Saiten" in mir, für die Vielfältigkeit meiner Gefühle und lasse sie nicht verstummen, wenn sie natürlicherweise mitschwingen wollen, ist es mir möglich, die Stimmung der Pferde aufzunehmen und nicht nur *auf* mich, sondern auch *in* mir wirken zu lassen.
Was ich genau mit dem Gefühl, das nun in mir entsteht, mache, entscheide ich in einem nächsten Schritt.
Da sich nun aber nicht nur die Gefühle synchronisieren, sondern auch die aus ihnen resultierenden Reaktionen, ist es umso wichtiger, einen bewussten Umgang mit dem, was uns emotional im Zusammensein mit dem Pferd geschieht, zu schaffen. Tun wir das nicht, sind unsere Pferde unseren Gefühlen und unserem Verhalten ausgeliefert. Ich stelle mir besonders im Training immer wieder die Frage:
Wie fühle ich mich gerade – wie bin ich „gestimmt" – und wie beeinflusst das meinen Umgang mit dem Pferd in diesem Moment?

WOHIN MIT DEN GEFÜHLEN?

HIER UND JETZT

In der Kommunikation mit unseren Pferden findet also immer auch ein stetiger Austausch von Gefühlen statt. Sie färben dabei die Informationen ein, die wir geben und erhalten. Sie geben unserer Kommunikation erst ihre Komplexität.
Jedes Gefühl, was im Zusammensein mit den Pferden in uns hochkommt, ist erst einmal erlaubt. Ich muss nichts unterdrücken. Möchte ich ihnen etwas beibringen und für sie Verantwortung übernehmen, damit sie mir vertrauen können, sollte ich mir jedoch bewusst darüber sein, wie meine Gefühle mein Handeln beeinflussen und welche Gefühle ich versuchen sollte, direkt wieder gehen zu lassen.
Die Pferde lehren uns, im Hier und Jetzt zu sein. Und so können wir Gefühle, die sich

Wir können nicht verhindern, dass sich bestimmte Gedanken in uns entwickeln, und Gefühle aufkommen und sich breit machen. Wir haben jedoch die Möglichkeit, diese wieder gehen zu lassen, unseren Fokus auf etwas zu lenken, das dann den Raum in uns füllen kann, der frei geworden ist.

nicht auf das Jetzt beziehen, getrost gehen lassen. Das ist einfacher gesagt als getan.
Wir kennen das Phänomen, dass, wenn wir uns verbieten an etwas Bestimmtes zu denken oder ein gewisses Gefühl nicht zulassen wollen, wir genau in dem Moment daran denken müssen und genau die Gefühle uns einnehmen, die wir nicht haben wollten.
Wir können also nicht verhindern, dass sich bestimmte Gedanken in uns entwickeln und Gefühle aufkommen und sich breit machen. Wir haben jedoch die Möglichkeit, diese wieder gehen zu lassen, unseren Fokus auf etwas zu lenken, das dann den Raum in uns füllen kann, der frei geworden ist.
Ich denke also nicht daran, woran ich *nicht* denken will, sondern lenke meine Gedanken gezielt auf das, *was* ich denken und fühlen will. Und das kann zum Beispiel das Hier und Jetzt sein mit dem Pferd, mit der Natur, mit den Geräuschen, die um mich herum sind, der Wärme oder dem Regen auf meiner Haut und die Müdigkeit oder Energie und Wachheit in meinem Körper.
In dem Moment, als ich mir bewusst darüber wurde, dass es meine Entscheidung ist, wie ich mich fühle, hat sich etwas in mir verändert. Natürlich nicht von heute auf morgen, aber es hat einen Prozess in Gang gebracht. Ich hindere Gedanken und Gefühle dabei nicht daran, zu kommen und sich bei mir Raum zu verschaffen, aber auch nicht daran, beizeiten weiterzuziehen. Zu wissen, dass ich diesen Einfluss habe, hilft mir, optimistischer zu sein.

Every morning a new arrival.
A joy, a depression, a meanness,
some momentary awareness comes
as an unexpected visitor.
Welcome and entertain them all!
Even if they're a crowd of sorrows,
who violently sweep your house
empty of its furniture,
still, treat each guest honorably.
He may be clearing you out
for some new delight.
The dark thought, the shame, the malice,
meet them at the door laughing,
and invite them in.
Be grateful for whoever comes,
because each has been sent
as a guide from beyond.

Jalaluddin Rumi

Übersetzt von Coleman Barks
Rumi: Selected Poems, (Penguin Books, 2004)

WILLKÜR

Ist uns bewusst, dass der Ausdruck von Emotionen ein entscheidender Faktor in der Kommunikation unter den Pferden ist und auch zwischen Menschen eine häufig unausgesprochen große Rolle spielt, warum sollten wir uns dann der Möglichkeit verwehren, mit unseren Pferden über diesen Weg zu kommunizieren?
Leider beobachte ich nicht selten, dass die eigene Frustration körperlich wie mental ungefiltert an den Pferden ausgelassen wird. Wenn Gefühle uns überrollen und Ungeduld Wut in uns weckt, wissen wir nicht, wohin mit dieser. Oft lassen wir diese dann an das unmittelbar nächste Wesen in unserer Nähe aus. So ist der häufig gehörte Hinweis auf eine anzustrebende Gefühlsneutralität im Training nur folgerichtig. Keine Gefühle zu zeigen wäre schließlich ein Weg, das Pferd vor unseren unreflektierten Gefühlen und damit vor unserer Willkür zu schützen. Aber geht das überhaupt?
Ich sehe das Problem der Emotionalität nicht in den Emotionen selbst, die wir mit in die Begegnung mit dem Pferd bringen, sondern in der Art der Auseinandersetzung mit ihnen.
Das nimmt seinen Anfang in der Fehlinterpretation der Grundbedürfnisse, z. B. durch

Gefühlen freien Lauf zu lassen und ohne „ethische Bremsen" aus ihnen heraus zu handeln, kann unseren Pferden erheblichen Schaden zufügen.

eine Vermenschlichung unserer Pferde bis hin zur Gewaltanwendung aufgrund diffuser Vorstellungen von Erziehung oder auch einem individuellen, grundsätzlichen affektiven Verhalten. Ungute, tief liegende Gefühle werden dann zum Problem in der Kommunikation, wenn wir an ihnen festhalten, sie durch Zurückhaltung oder Verdrängung groß werden lassen, um dann unkontrolliert aus uns herauszubrechen. Sie werden immer einen Weg finden zu entweichen. Dieser ist in den seltensten Fällen ein gesunder und effektiver Weg. Fügen wir also den Pferden keinen Schaden zu, indem wir diesen Gefühlen freien Lauf lassen und ohne „ethische Bremsen" handeln, sondern hinterfragen die Gründe für ihr Auftauchen.

Doch noch ein weiterer Faktor im Ausdruck unserer Emotionen stört die Kommunikation zwischen Mensch und Pferd. Es ist die Inkongruenz in unserem Verhalten, die Ambivalenz zwischen Gefühltem und Gezeigtem. Für unsere Pferde ist es nicht schlimm, wenn wir einmal traurig sind, uns Gedanken plagen oder wenn wir uns auch einmal fürchten. Geben wir jedoch nach außen eine andere Stimmung vor, hier beispielsweise durch eine künstlich hergestellte offensive Körperpräsenz, werden sie uns nicht verstehen. Auch hier zeigt sich, dass wir unser Verhalten weder unbedacht noch willentlich „verfälschen" sollten, sondern ehrlich mit dem umgehen, was wir fühlen und nicht versuchen ein aufkommendes Gefühl mit einer konträren Geste oder Haltung zu kaschieren.[10]

[10] Baba, Ch. et al. (2019): "Are Horses (Equus caballus) Sensitive to Human Emotional Cues?" Animals 9, no. 9: 630.

DIE TRAGWEITE UNSERER HALTUNG

Dass Tiere fühlende Wesen sind, ist längst nicht mehr umstritten. Das wissenschaftlich zu beweisen, war jedoch nicht so einfach. Nun mag es Ihnen vielleicht nicht wichtig erscheinen, ob ein wissenschaftliches Ergebnis das bestätigt, was Sie im Umgang mit Ihrem Pferd oder anderen Tieren erleben und längst wissen. Jedes Ergebnis wissenschaftlicher Forschung kann jedoch weitreichende Konsequenzen für politisches Handeln haben. So ist beispielsweise die Anbindehaltung von Pferden in der Mehrheit der Bundesländer verboten worden, nachdem in wissenschaftlichen Studien bewiesen wurde, dass über die Hälfte aller in Ständern gehaltenen Pferde gravierende Verhaltensstörungen zeigen, da sie weder ihr Bedürfnis nach Bewegung, Körperpflege und Kontakt zu anderen Pferden stillen können, noch sich auf die Seite legen, um richtig zu schlafen.

Doch bis es zu dieser Entscheidung kam, war es ein langer Weg und wir haben noch einen langen Weg vor uns. Rechtlich gesehen befinden sich unsere Tiere nämlich in einer „schwierigen Zwischenstellung" zwischen Sache und Mensch. „Es ist irgendwie weder Mensch noch Sache, aber gleichermaßen auch schützenswert."[11]

So heißt es in § 2 unseres Tierschutzgesetzes[12]: Wer ein Tier hält, betreut oder zu betreuen hat,

1. *muss das Tier seiner Art und seinen Bedürfnissen entsprechend angemessen ernähren, pflegen und verhaltensgerecht unterbringen,*
2. *darf die Möglichkeit des Tieres zu artgemäßer Bewegung nicht so einschränken, dass ihm Schmerzen oder vermeidbare Leiden oder Schäden zugefügt werden,*
3. *muss über die für eine angemessene Ernährung, Pflege und verhaltensgerechte Unterbringung des Tieres erforderlichen Kenntnisse und Fähigkeiten verfügen.*

Hier ist ein moralischer Anspruch formuliert, der allen EU-Rechtsvorschriften für den Tierschutz zugrunde liegt und umgesetzt werden soll. Das führt aber nicht automatisch auch dazu, dass Tiere tatsächlich besser geschützt werden. Uns fehlen für die Umsetzung des Anspruchs wirkungsvolle Gesetze, die existierenden weisen zu viele Ausnahmen oder Einschränkungen und unbestimmte Rechtsbegriffe auf.

So nutzen wir unsere Tiere weiterhin für unsere Zwecke und weisen ihnen ihre Rechte zu. Damit wir uns nun aber nicht mit diesem Status Quo zufrieden geben, müssen wir uns für unsere Tiere weiterentwickeln. Es ist an uns, dass wir auch im privaten Bereich nötige Entscheidungen noch konsequenter im Sinne der Pferde treffen. Wir dürfen daher neben der Sensibilisierung der

---

[11] Augsberg, Steffen, Jurist und Mitglied des Ethikrats in Deutschlandfunk Kultur: Die Kluft zwischen Recht und Realität, Sendung vom 19.09.20. Deutschlandfunkkultur.de.

[12] Tierschutzgesetz in der Fassung der Bekanntmachung vom 18. Mai 2006 (BGBl. I S. 1206, 1313), das zuletzt durch Artikel 141 des Gesetzes vom 29. März 2017 (BGBl. I S. 626) geändert worden ist.

Öffentlichkeit für Tierschutzanliegen nicht aufhören, auch unser eigenes Handeln immer wieder zu hinterfragen.
Dazu ein kleines Gedankenexperiment: Stellen Sie sich in einem ersten Schritt die Frage, warum Sie ein Pferd in Ihrem Besitz haben. Schreiben Sie Ihre Beweggründe und Wünsche, die Sie zum Kauf bewogen haben, auf. Rechtfertigen und interpretieren Sie diese nicht. Ersetzen Sie bei jeder Formulierung das Wort Pferd durch er oder sie. Legen Sie die Sätze ein paar Tage beiseite. Nehmen Sie sich Ihre Antworten dann wieder vor und lesen Sie sie einmal, ohne die Aussagen auf den Kontext „Pferd" zu beziehen, durch. Stellen Sie sich nun vor, eine Ihnen fremde Person hat diese Sätze formuliert. Was glauben Sie, welches ist das größte Bedürfnis dieser Person, was ist ihr besonders wichtig?
Sie werden durch diesen Perspektivwechsel erkennen, welches Ihr grundsätzliches Bedürfnis und Bestreben ist, weshalb Sie sich für den Besitz eines Pferdes entschieden haben. Fragen Sie sich nun in einem zweiten Schritt, ob ein Pferd/Tier in der Lage dazu sein kann, diese von Ihnen formulierten Wünsche zu erfüllen. Bedenken Sie, dass Ihr Tier nichts von diesen Wünschen weiß. Fragen Sie sich dann, ob Ihr Pferd bei der Umsetzung Ihrer Wünsche eventuell den Kürzeren ziehen wird oder ob es trotz Ihrer Wünsche ein artgerechtes Leben führen kann, also alle seine artspezifischen Bedürfnisse gestillt werden. Es ist nichts Verwerfliches daran, sollten Sie herausfinden oder sogar schon wissen, dass Ihr Pferd für etwas steht, das Ihnen sonst im Leben fehlt, vielleicht sogar im Zusammenleben mit Ihren Menschen. Wichtig ist ausschließlich, wie Sie mit diesem Wissen umgehen. Das Stillen Ihrer eigenen Bedürfnisse darf niemals über die des Pferdes gehen. Denn Sie haben die Wahl, das Pferd nicht.

Jedes Ergebnis wissenschaftlicher Forschung kann weitreichende Konsequenzen für politisches Handeln haben.

BEGEGNUNG AUF DISTANZ

— *Raum-Verhältnisse*

ES „SPRICHT" DER RAUM ZWISCHEN PFERD UND MENSCH

Raum benötigt der Mensch:
Durch den Abstand zum Pferd haben wir überhaupt nur die Chance, die Mimik und auch den gesamten Körper genau zu beobachten.

Raum benötigt das Pferd:
In der Distanz zu uns kann es unsere Körpersprache wahrnehmen und einschätzen lernen. So bleibt es wach und motiviert für weitere „Gespräche".

In jeder Begegnung mit einem Pferd sind da zuerst einfach nur wir, das Pferd und der Mensch mit der je eigenen „Körper"-Sprache. Um uns besser zu erklären, begeben wir uns mit dem Pferd in einen gemeinsamen Raum, in dem wir uns aufeinander fokussieren und kennenlernen können.
Wie dieser Raum in Größe und Form gestaltet ist, ist zweitrangig, solange wir unsere Macht über das Pferd hier nicht missbrauchen. Bedeutend ist, dass wir dafür Sorge tragen, dass es diesen „Begegnungsraum" gibt. Das Pferd erhält hier die Gelegenheit uns kennenzulernen, ebenso wie wir die Möglichkeit erhalten, das Pferd wahrzunehmen; seinen Charakter, seine Erwartungen, seine Bedürfnisse. In diesem besonderen „Konzentrationsraum" wird die grundsätzliche Haltung des Pferdes uns gegenüber deutlich.
Jetzt ist es möglich, uns auf einen entscheidenden Aspekt der nonverbalen Kommunikation zu konzentrieren: auf die Raumsprache. Um Missverständnissen vorzubeugen, ist es wichtig, dass sich die Raumsprache zu allen weiteren Signalen in der Kommunikation kongruent verhält, besonders wenn es in der weiterführenden Ausbildung um die Vermittlung von komplexeren Bewegungsabläufen geht.
Diese Begegnung im Raum gestalten wir mit Kommunikationsübungen und mit Übungen zur Schulung unserer eigenen Körpersprache, um so ein besseres Verständnis voneinander zu gewinnen.
Voraussetzung hierfür ist, dass wir uns die Zeit nehmen, die es braucht. Wie lange das ist, bestimmt jede Situation selbst und kann nicht von außen festgelegt sein. Schließlich ist unser Verhalten und das des Pferdes von unendlich vielen Faktoren abhängig und kein Fixum.
Das Ergebnis dieses so angestoßenen Prozesses wird ein reger „Austausch von Informationen" sein – dazu muss Raum geschaffen werden.

Darin will ich mich um seine Psyche kümmern. Indem ich lerne diese zu verstehen, kann ich passende Entscheidungen für das Pferd und mich treffen.

Alle Begegnungen auf Distanz sollten dem Grundsatz der *Frei*willigkeit folgen. Das Pferd muss „wollen dürfen“.
Für mich ist die Voraussetzung für das Zusammensein mit den Pferden die Einsicht, dass ich mich mit ihnen auf einem gemeinsamen Weg befinde und nicht, ein bestimmtes Ziel erreichen zu wollen. Durch diesen Weg entsteht im besten Fall das Gefühl der Verbundenheit, ohne in dieser voneinander abhängig zu sein.
Dabei ist das, was unser Körper „spricht“ in jedem Moment allgegenwärtig und wichtig, wir können ihn nicht schweigen lassen und hoffen, dass das Pferd ihn nicht wahrnimmt. Jede Information, die wir geben, wird es verarbeiten und es wird reagieren. Alle seine Verhaltensantworten auf uns müssen nicht erlernt werden. Das natürliche Bedürfnis zu kommunizieren, das wir zuvor in vielen Fällen ungewollt verstummen ließen, wird geweckt.
Die Intensität unserer Bewegung bedingt dabei die Qualität der Antwort. Fokussieren wir uns in der Kommunikation auf das Wesentliche dessen, was wir sagen wollen, wird das Pferd verstehen.

Ich will unmissverständlich mit ihnen kommunizieren können, damit ich jederzeit die jeweiligen Bedürfnisse in ihrer Körpersprache ablesen kann.

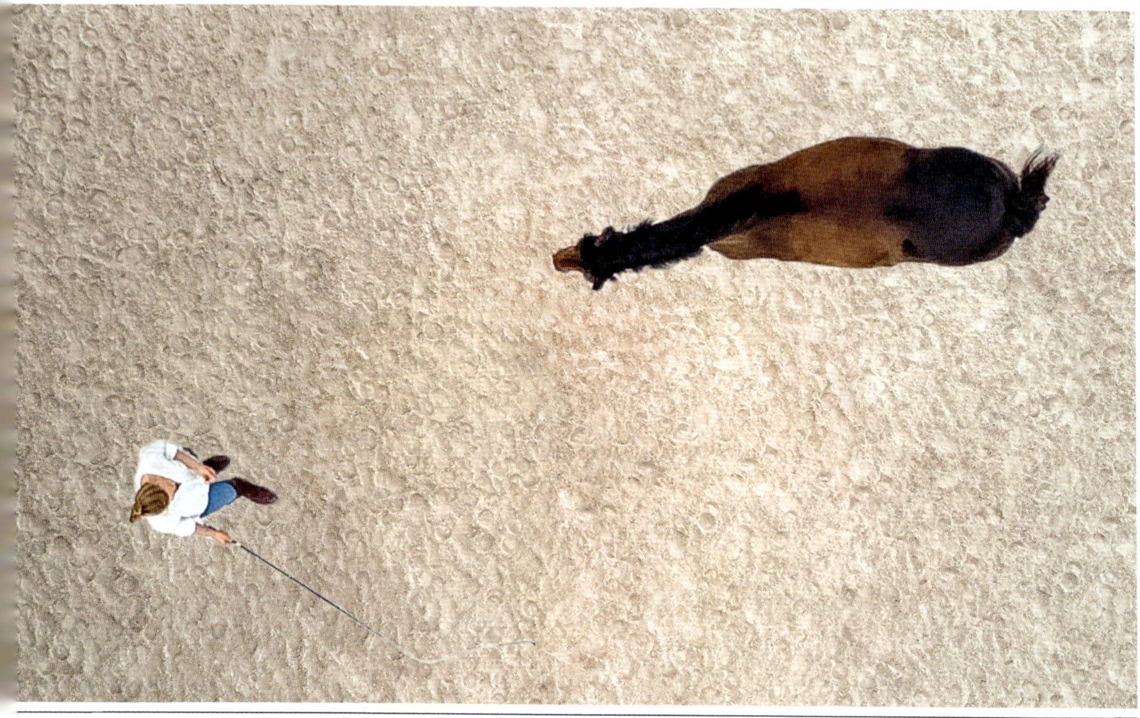

Das, was unser Körper "spricht", ist in jedem Moment allgegenwärtig und wichtig.

Sie haben die Möglichkeit, die Energie des Pferdes in eine Fokussierung auf Sie selbst umzulenken, indem Sie Raum einnehmen und wieder freigeben, z. B. durch Innenwendungen oder Übergänge von einer in die andere Gangart.

ENERGIE

DIE ENERGIE DES PFERDES UMLENKEN

Hat sich bei Ihrem Pferd durch Bewegungsmangel Energie angestaut und es ist häufig übermütig, ist es notwendig, es darin zu schulen, Energie umzulenken. So können Sie die Bewegungsgeschwindigkeit nach und nach beeinflussen. Um eine für die Physis des Pferdes weniger belastende Aufwärmphase zu gestalten, geht es nun darum, es im Schritt aufwärmen zu können, ohne es immer wieder körperlich und innerlich ausbremsen zu müssen. Hier spielt die eigene innere Haltung eine Rolle und wie Sie die Energie und die damit zusammenhängende Bewegung des Pferdes bewerten. Wären Sie nicht in einem abgegrenzten Bereich, würde Ihr Pferd seine Energie wahrscheinlich nutzen, um sich von Ihnen zu distanzieren. Sie haben hier die Möglichkeit, die hohe Energie des Pferdes in eine Fokussierung auf Sie selbst umzulenken, indem Sie Raum einnehmen und wieder freigeben, z. B. durch Innenwendungen oder Übergänge von einer in die andere Gangart. Dadurch wird es aufmerksam auf das, was in ihrem gemeinsamen Konzentrationsbereich stattfindet und gibt äußeren Reizen weniger Gewicht. Unkontrolliertes Losrennen zu Beginn einer Einheit, an der Longe, frei, oder auch unter dem Sattel, wird dadurch schnell

01

02

01 Um Ihr Pferd anzuhalten, richten Sie sich z. B. parallel zu ihm aus, so dass Ihr Brustbein in dieselbe Richtung zeigt wie das Ihres Pferdes.

02 Ihre Position befindet sich dafür etwas vor der Pferdeschulter. Dadurch blockieren Sie das Pferd in seiner Vorwärtsbewegung.

03 Es ist entscheidend, Ihre treibende Hilfe wieder wegzunehmen, sobald Ihr Pferd mit mehr Geschwindigkeit reagiert.

in die Fähigkeit umgelenkt, die Energie positiv zu nutzen. Ihr Pferd wird von Beginn jeder Einheit an motiviert sein, kontrollierte und kontrollierbare Bewegungsabläufe auszuführen. Langfristig gesehen können Sie so gewährleisten, dass das Aufwärmen oder auch die ganze Einheit im Schritt erfolgen kann. So verursachen Sie keine Frustration durch ständiges Ausbremsen.

DIE EIGENE ENERGIE DOSIEREN

Um den Einsatz Ihrer eigenen Energie und Raumsprache dosieren zu lernen, ist es entscheidend, das Pferd mit einer erhöhten Energie Ihrerseits gezielt anzutreiben und die treibende Hilfe, sobald ein Effekt entsteht, auch wieder wegzunehmen. Treiben Sie es dauerhaft an, wird es sich entweder an die treibende Hilfe gewöhnen (Habituation) und keine Reaktion mehr zeigen, oder es wird in seiner Not, flüchten zu wollen, immer hektischer werden. Je konkreter Ihre Art zu kommunizieren wird, desto weniger „aufwendig" müssen Ihre Gesten und Ihre Raumsprache sein.

Um das Pferd in die höhere Gangart wechseln zu lassen, kann die treibende Hilfe von der Mitte aus gegeben werden. Ist es notwendig, den Abstand zum Pferd zu verringern, um mehr Energie für ein höheres Tempo aufzubringen, versuchen Sie nach der Aktion, sukzessive wieder in ihre ursprüngliche Position auf Distanz zu kommen.

Um es zu animieren, in eine niedrigere Gangart zu wechseln, können Sie unterschiedliche Hilfen geben – einzeln oder auch in Kombination.

Ist Ihr Pferd auf Sie fokussiert und nicht zu sehr mit sich selbst oder Außenreizen beschäftigt, wird es auch auf Energieveränderungen Ihres Körpers reagieren. Diese können Sie durch Ihre Atmung regulieren.

03

Verlängern Sie Ihren Ausatem, wird es in eine niedrigere Gangart wechseln. Ist Ihr Pferd noch nicht so weit, um auf Ihre Atmung achten zu können, nehmen Sie Raum vor ihm ein. Mit Ihrer Position ausgerichtet etwas vor der Pferdeschulter, blockieren Sie es in seiner Vorwärtsbewegung. Das geschieht nur für einen winzigen Moment, dann begeben Sie sich wieder in Ausgangsposition und geben somit den Raum wieder frei. Reagiert Ihr Pferd nicht auf diese Hilfe, verringern Sie auch hier den Abstand zu ihm. Je nach Intensität Ihrer Körpersprache, wird Ihr Pferd nun zum Stehen durchparieren oder langsamer werden. Um es anzuhalten, richten Sie sich z. B. parallel zu ihm aus, sodass Sie beide in dieselbe Richtung schauen. So können Sie durch Ihre Position Raum vor dem Pferd einnehmen, ohne zu viel Energie in seine Richtung zu schicken. Diese Ausrichtung ist beispielsweise sinnvoll, um es nicht unbeabsichtigt nach außen wegzutreiben.
Vermeiden Sie ein abruptes Ausbremsen/Anhalten. Das Pferd sollte die Möglichkeit haben, sich mental und körperlich vorzubereiten, damit sein Bewegungsapparat geschont wird.

Wenn Sie Raum einnehmen, bleiben Sie stets positiv dabei. Das Pferd sollte nicht die Erfahrung machen, dass Sie es für etwas „strafen" oder gar „angreifen". Es ist Ihnen in einem abgegrenzten Bereich „ausgeliefert". In dem Moment, in dem Sie aufhören Ihrem Pferd „zuzuhören" und es nur noch Ihren Appellen folgen muss, wird im wissenschaftlichen Sinne zwar noch von Kommunikation gesprochen, in keinem Fall handelt es sich dann aber noch um ein respektvolles Gespräch. Und ist es nicht gerade das, was Sie sich für das Zusammensein mit Ihrem Pferd wünschen: einen Austausch, in dem auf *frei*williger Basis kommuniziert wird und so eine Beziehung zueinander entstehen kann?

AUFGEPASST!

Auch wenn Sie Ihrem Pferd nicht zutrauen sollten, dass es Sie treten könnte, wählen Sie dennoch nie eine Nähe zu ihm, aus der dieses möglich wäre. Für den Fall eines Austretens sollten Sie sich durch Ihren gewählten Abstand nie in Trittreichweite bewegen oder befinden.

RAUM

SICHERE STRUKTUREN AUFBAUEN + VERHALTEN KOMMENTIEREN

Um mit Ihrem Pferd in Kontakt zu kommen und sich zu verständigen, ob mit oder ohne Equipment, braucht es mehr als nur das Einstudieren verschiedener Gesten und Körperhaltungen. Es geht also nicht um Anweisungen unsererseits, auf die das Pferd ein gewünschtes Verhalten zeigen soll. Es geht in erster Linie darum, dass es sichere Strukturen erfährt, in denen es sich wohlfühlen, eine Beziehung eingehen und angstfrei interagieren kann. Mensch und Pferd sind dabei wechselseitig am Austausch beteiligt und haben Einfluss auf die Handlungen des jeweils anderen.

Ändern Sie also Ihr Verhalten als Antwort oder Kommentar auf ein Verhalten Ihres Pferdes.

Wird beispielsweise durch ein Abschnauben, ein lockeres Ohrenspiel oder ein Blick zu Ihnen in die Mitte sichtbar, dass Spannung von ihm abfällt, können Sie Ihr Verhalten von einer aktiven Raum einnehmenden Position in eine passivere, mehr Raum freigebende ändern. Es erhält so ein direktes Feedback von Ihnen.

Geben Sie Ihrem Pferd ein positives Feedback, wenn es ein von Ihnen gewünschtes Verhalten zeigt. Wechseln Sie dafür z. B. von einer aktiven Haltung zu einer passiveren.

Damit Ihr Pferd nicht vor Ihnen flüchtet, sondern ausschließlich „in Bewegung“ ist, ist es wichtig, mit ihm „in der Bewegung“ zu kommunizieren.
Das Pferd wird nach und nach immer mehr mit Ihnen in Kontakt treten wollen und angstfrei auf Ihre Körpersprache reagieren können, denn es hat erfahren, dass Sie auch auf seine Körpersprache reagieren.

EINE EINLADUNG „AUSSPRECHEN“

Ziehen Sie sich räumlich deutlicher von Ihrem Pferd zurück, machen Sie ihm so das Angebot, zu Ihnen zu kommen.
Für Pferde, die sehr nervös sind und sich eher aus Ihrem Raum nach außen entfernen wollen, obwohl Sie eine ruhige und passive Körpersprache haben, lohnt es sich, den Weg in die Mitte aktiv zuzulassen und freizugeben. Es bekommt dadurch die Möglichkeit, seinen Fluchtmodus zu verlassen.
Manche Pferde reagieren bei Rückzug des Menschen direkt, indem sie ihm folgen. Es gibt aber auch Pferde, die aufgrund ihrer bisherigen Erfahrungen mit Menschen auf eine solche Einladung skeptisch reagieren. Entweder ist für sie das „Kosten-Nutzen-Prinzip“, dem Menschen nahe zu sein, bisher nicht aufgegangen oder es besteht sogar eine Abneigung oder Skepsis dem Menschen gegenüber. Diese Pferde werden eher außen stehen bleiben, vielleicht einen Blick zum Menschen wenden, seiner Einladung jedoch nicht folgen. Ein Blick in Ihre Richtung ist in diesem Fall schon sehr viel wert und ein Zeichen dafür, dass Sie die Aufmerksamkeit Ihres Pferdes gewonnen haben.

Nehmen Sie Raum ein, wird das Pferd in Bewegung gebracht. Geben Sie Raum frei, erhält das Pferd Raum. Wie das Pferd mit diesem freigewordenen Raum umgeht, ist ihm überlassen.

Ein diagonaler Rückzug, der im Verhältnis zu der Position des Pferdes im Raum ausgeführt wird, hat einen einladenden Charakter. Sie können sich für diese Bewegung im Raum umdrehen oder einfach rückwärtsgehen.

Auch wenn Sie die Bewegungsrichtung „korrekt" ausgeführt haben, um Ihr Pferd zu Ihnen „einzuladen", wird es nicht zwangsläufig zu Ihnen hereinkommen. Sie haben lediglich ein Angebot gemacht und es darf *frei*willig reagieren.
Hat Ihr Pferd die Einladung angenommen, zu Ihnen in die Mitte zu kommen, ist das ein idealer Moment, um gemeinsam mit ihm zu pausieren. Das kann im Stehen geschehen oder aber Sie schauen, ob es sich Ihnen anschließen möchte. Dafür laufen Sie los, ohne ihm ein zusätzliches Signal zu geben. Ihr Pferd wird so motiviert sein, sich Ihnen immer wieder gerne anzuschließen.
Reagieren Sie auf jede noch so kleine Mimikveränderung und auf die Körpersprache Ihres Pferdes, wird es die Erfahrung machen, dass Sie ihm zuhören und es wird mit Ihnen „ins Gespräch" kommen wollen.
Es ist also wichtig, dass schon die kleinsten Signale von Ihnen wahrgenommen und durch eine Verhaltensanpassung „kommentiert" werden.

AUFGEPASST!
Es geht nicht darum, dem Pferd „außen" Stress zu bereiten, um einen Kontrast zur Mitte zu schaffen, in der es bei Ihnen zur Ruhe kommen kann. Leider stellt sich der „Effekt", dass das Pferd auf Sie zukommt und sich anschließt, auch dann ein, wenn es stark treibenden Hilfen ausgesetzt ist, die dann nachlassen. Sie können das Interesse Ihres Pferdes erlangen, auch ohne vorher seinen Fluchtinstinkt aktiviert zu haben. Auch ohne, dass es außen Stress hat, wird es einen Weg finden, sich bei Ihnen in der Mitte zu entspannen und sich gerne anschließen zu wollen. Nutzen Sie die freie Bewegung eher, um das Pferd kontinuierlich Stress abzubauen zu lassen, anstatt Stress zu erzeugen.

LÖSUNGEN IM „INNEN" SUCHEN

Die Innenwendung ist eine Verhaltensreaktion, in der der Fokus Ihres Pferdes auf „Raum einnehmen" Ihrerseits zu Ihnen nach innen gelenkt wird und es durch ein Abwenden über innen die neue Richtung einschlägt. Es lernt dabei, dass Sie es nicht von sich wegtreiben wollen, wenn Sie vor seine Bewegung kommen, sondern lediglich den Raum für sich beanspruchen.
Für Sie ist es hier entscheidend, sich den Wechsel von „Raum geben" und kurze Zeit später wieder „Raum einnehmen" bewusst zu machen. So entsteht ein Handwechsel nach innen.
Richten Sie sich vor die Bewegung des Pferdes aus, Sie nehmen jetzt Raum ein. Der Unterschied zum Anhalten besteht darin, gleichzeitig nach innen Raum freizugeben, in den das Pferd für einen Moment eintreten kann. Sobald es seinen Blick nach innen wendet und die zuvor noch äußere Schulter durch die Bewegung zur Raummitte sichtbar wird, ist das der richtige Moment, es durch eine treibende Hilfe zur jetzt sichtbar gewordener Schulter in die neue Richtung zu bewegen.
Wendet sich Ihr Pferd nach außen ab, reduzieren Sie noch einmal deutlich Ihre Energie und geben noch konkreter Raum frei, anstatt ihn zu nehmen.
Das Pferd bewusst nach außen abwenden zu lassen, hat für mich keinen positiven Nutzen. Die Gefahr in der Außenwendung besteht darin, dass es bei jeder Art von Energie, die vom Menschen ausgeht, lernt, sich der Situation nach außen entziehen zu müssen. Dieses Verhalten wünsche ich mir für meine Kommunikation mit dem Pferd nicht. Natürlich ist es auch möglich, diese Bewegungen in der Arbeit genau zu differenzieren. Doch auch in einem Bewegungsablauf, in dem sich das Pferd gegen die Wand wenden muss, sehe ich keinen positiven

Effekt für seinen Körper. Ich strebe an, dass das Pferd Problemlösungen bei mir sucht, indem es seinen Blick, wenn ich den Raum vor ihm einnehme, zu mir wendet und nicht flüchten möchte. Das ist beim Führen von einem Ort zum anderen relevant, aber auch in einem Schreckmoment. Idealerweise wendet es seine Aufmerksamkeit so zu mir, auch wenn der Schreckreiz ungewollt von mir ausgeht.

01

02

03

01 Nehmen Sie vor dem Pferd Raum ein. Sobald es seinen Blick nach innen wendet und die zuvor noch äußere Schulter durch die Bewegung zur Raummitte sichtbar wird, …

02 … bewegen Sie das Pferd in die neue Richtung durch eine treibende Hilfe in Richtung jetzt sichtbar gewordener Schulter.

03 Idealerweise kreuzt das Pferd die Vorderbeine voreinander.

Mit dem „Fangen" des Blickes lenken Sie auch die Gedanken Ihres Pferdes zu Ihnen.

AUFMERKSAMKEIT

DEN BLICK FANGEN

Stellen Sie sich neben Ihr Pferd und bewegen sich dann diagonal nach hinten von ihm weg. Sie können dabei eine heranziehende Handbewegung etablieren.

Auch wenn Sie gut vorbereitet sind und mit bester Absicht mit Ihrem Pferd ins „Gespräch" kommen wollen, sind gravierende Missverständnisse in der Kommunikation nicht ausgeschlossen. Oft ist es die eigene Erwartungshaltung an die Reaktion auf unsere „Mitteilungen", die dabei zu Problemen führen kann und wir reagieren mit Enttäuschung bis hin zu Verzweiflung. Besonders deutlich wird das, wenn das Pferd mechanisch irgendwo hingezogen wird, es jedoch mit seinen Gedanken weiter in eine andere Richtung strebt. Das „Gespräch" ist in diesem Moment unterbrochen, denn dort, wo Ihr Pferd hinschaut, ist es auch mit seinen Gedanken.

Um die Gedanken des Pferdes zu Ihnen zu lenken, „fangen" Sie seinen Blick.

Stellen Sie sich neben Ihr Pferd und bewegen sich diagonal nach hinten von ihm weg. Schaut Ihr Pferd Ihnen nach, beenden Sie Ihre Bewegung sofort und loben es mit Ihrer Stimme oder atmen an Ort und Stelle einmal tief durch.

Als Vorbereitung, Ihr Pferd ohne Equipment in Bewegungsrichtung im Genick stellen zu können, integrieren Sie jetzt eine Handbewegung. Ziehen Sie an einem imaginären Faden, der mit dem Nasenrücken des Pferdes verbunden scheint. Sie können so später die Stellung in der Bewegung verbessern, ohne Ihr Pferd berühren zu müssen.

Schenkt es Ihnen gar keine Aufmerksamkeit mit seinem Blick, bringen Sie es noch einmal in eine dynamischere Bewegung, aus der

Nehmen Sie mit einer Schulter Raum ein (hier die rechte) und lenken den Blick des Pferdes mit Ihrer anderen zu sich.

eine höhere Reaktionsbereitschaft entstehen wird, um dann zu Ihrem Vorhaben zurückzukehren.

DURCH WEICHEN FOKUS SCHAFFEN

Die Vorhand tritt oder steht auf der Stelle und die Hinterbeine weichen kreuzenderweise nach außen weg.

„Fangen" Sie erst den Blick Ihres Pferdes und bewegen sich dann mit einer treibenden Hilfe Richtung Hinterhand. Häufig reicht schon ein Blick in Richtung Hinterhand und die Ausrichtung zu dieser aus. Auch können Sie Ihren Oberkörper leicht vorbeugen, bevor es nötig werden sollte, den Raum zwischen Ihnen und Ihrem Pferd durch Schritte zu verkleinern. Öffnen Sie dabei gleichzeitig mit Ihrer anderen (nicht treibenden) Schulter den Raum, in den es mit seinem Blick streben soll. Die Hinterhand sollte sich daraufhin einen Schritt nach außen versetzen und sein Blick Sie, als Ergebnis des Weichens, noch deutlicher fokussieren. Ziel ist es, dass es sich nicht „weggetrieben" fühlt und sich von Ihnen entfernt. Seine Aufmerksamkeit für Sie soll dabei durch eine weichende Bewegung noch weiter verstärkt werden, bis es wieder frontal vor Ihnen steht.
Durch die natürliche Schiefe des Pferdes und der unterschiedlichen Wahrnehmung auf den jeweiligen Seiten, wird es auf einer Seite eventuell eher davonlaufen, als sich in der Hinterhand verschieben lassen. Versuchen Sie in diesem Fall den Fokus deutlicher zu Ihnen zu lenken, indem Sie den Blick „fangen". Braucht Ihr Pferd eine höhere Druckintensität, um überhaupt in Bewegung zu kommen, stellen Sie sich mit deutlich mehr Distanz zu ihm auf und „verlängern" Ihre Schulter optisch mit einer Touchierpeitsche. So geraten Sie nicht in Gefahr, getreten zu werden, falls Ihr Pferd Sie nicht verstanden haben sollte und überfordert ist. Außerdem ist die Reaktionsbereitschaft aus etwas mehr Distanz auch deutlich höher, als wenn Sie ganz nah an ihm stehen.

POSITION

EINFLUSS NEHMEN AUF DIE SCHULTER

Mit der Verschiebung der Vorhand wird es Ihnen möglich, sich mit Bewegungsrichtungen im Verhältnis zum Pferd und zum Raum auseinanderzusetzen.
Auf die Schulter des Pferdes Einfluss nehmen zu können, ist ein wichtiger Teil in seiner Grundausbildung. Es kann z. B. über das Heraustreiben der Schulter sicher auf die Zirkellinie geschickt werden (90-Grad-Wendung mit der Vorhand um die Hinterhand). Auch ist dies die Basis für jegliche Verständigung mit dem Pferd, um es gerade richten zu können. Im Folgenden wird beschrieben, wie Sie die Vorhand um die Hinterhand bewegen können, während sie sich frontal vor Ihrem und damit mit Ihrem Pferd bewegen.
Stellen Sie sich Ihr Pferd als Uhrzeiger auf einer imaginären Uhr vor, mit den Hinterbeinen im Zentrum stehend. Sie selbst bilden die Spitze des Zeigers.
Begrenzen Sie eine Schulter des Pferdes und bewegen sich gemeinsam mit Ihrem Pferd für einen Schritt in die Richtung der anderen Schulter. Seine Vorderbeine sollten dabei voreinander kreuzen. Mit Ihrem Körper stellen Sie die Rahmen gebende Hilfe dar,

01

02

01 Sie bewegen sich auf einer imaginären Uhr gemeinsam in dieselbe Richtung.

02 Hier gemeinsam im Uhrzeigersinn

In der „Führposition" ist der Kopf des Pferdes vor Ihnen und seine Schulter hinter Ihnen.

um es in seiner Vorwärtsbewegung zu begrenzen. Durch die Nähe zu ihm ist der Raum vor ihm deutlich versperrt. Gelingt dieser Ablauf in Nähe, versuchen Sie den gleichen Bewegungsablauf auch auf Distanz auszuführen.

SICH NEBENEINANDER WOHLFÜHLEN

Zeigt Ihr Pferd bereits die Bereitschaft, Ihnen in jede Richtung zu folgen, können Sie jetzt seine Position etwas anpassen. Heben Sie Ihren verlängerten Arm (Touchierpeitsche) auf Höhe der Hinterhand an, um es zu animieren sich neben Ihnen zu positionieren. Idealerweise befindet sich sein Kopf etwas vor Ihnen, damit Sie jederzeit seine Mimik im Blick haben. Die Pferdeschulter bleibt hinter Ihnen, um auf diese weiter Einfluss nehmen zu können. Diese „Führposition" sollte auch gleichzeitig eine „Komfortposition" für das Pferd sein, in die es sich jederzeit bereitwillig hineinbegibt.

So ist es immer möglich, die Mimik des Pferdes wahrzunehmen und weiterhin Einfluss auf die Schulter zu nehmen.

Loben Sie es jedes Mal ausgiebig, wenn es die Position korrekt einnimmt. Jetzt können Sie in dieser Position auch mit Ihrem Pferd traben oder galoppieren. Wird es ihm jedoch zu anstrengend oder hektisch, wird es sich von Ihnen entfernen wollen. Kurze Sequenzen werden es motivieren, bei Ihnen zu bleiben.

Sie drehen sich um 90 Grad vom Pferd weg, ohne Ihre Position im Raum zu verändern. Das Pferd richtet sich neben Ihnen in der neuen Position aus, um in Führposition zu bleiben.

Die Hinterbeine des Pferdes kreuzen, während es mit der Vorhand um Sie herumläuft. So bleibt es mit der Schulter auf Höhe der Führposition.

DIE KOMFORTPOSITION HALTEN

Um das Pferd auch in engeren Wendungen zu motivieren, an Ihnen „dranzubleiben", üben Sie mit ihm, dass es sich hinter Ihnen ausrichtet, wenn Sie sich um 90 Grad von ihm wegdrehen. Bewegen Sie sich dafür zu Beginn nicht von der Stelle. Bewegt sich Ihr Pferd nicht mit Ihnen in die neue Ausrichtung, lassen Sie es in der Hinterhand einen Schritt nach außen weichen, ohne Ihre eigene Position zu verändern. Das Eindrehen selbst hat einen einladenden und einen treibenden Charakter, da die Schulter, die näher am Pferd ist, sich beim Eindrehen von ihm entfernt und die andere Schulter bei der Drehung den Raum Richtung Hinterhand einnimmt. Allein die Drehbewegung Ihres Körpers auf der Stelle wird es animieren, bei Ihnen zu bleiben und sich neu auszurichten. Stellen Sie sich vor, Sie sind so lang wie Ihr Pferd. Verlängern Sie zur Visualisierung mit Ihrer Touchierpeitsche Ihren Körper nach hinten. Jetzt berührt die Peitsche Ihr Pferd automatisch sanft, wenn Sie sich eindrehen und es sich nicht zeitig genug mitdreht. Hat es verstanden, sich hinter Ihnen auszurichten, können Sie sich langsam aber stetig für ein paar Schritte weiterdrehen, bis Sie eine vollständige Drehung gemacht haben.

01

02

Das Pferd orientiert sich an der neu angebotenen Schulter. Sie wenden sich zum Pferd, um seine Bewegungsrichtung zu ändern.

DIE RICHTUNG WECHSELN

In dieser Übung drehen Sie sich in Richtung Pferd, um so gemeinsam einen Handwechsel auszuführen. Dieser Bewegungsablauf gleicht der zuvor beschriebenen Innenwendung, nur dass diese jetzt in Führposition stattfindet.

Durch Ihre Drehung in die neue Richtung wird Ihr Pferd sich an Ihre neue innere Schulter heften wollen. Diese Übung nimmt Einfluss auf die Vorhand. Treiben Sie in dieser Situation daher nicht auf Höhe der Hinterhand. Wendet Ihr Pferd nicht mit Ihnen ab, können Sie es an seiner äußeren Schulter durch eine einrahmende Hilfe der Peitsche animieren, nach innen abzuwenden. Je dynamischer das stattfindet, desto mehr wird es in der Vorhand eine Aufwärtstendenz bekommen und Last auf die Hinterhand aufnehmen.

Verkürzen Sie die Wege zwischen den Handwechseln, entsteht ein Sprung in der Vorhand um 180 Grad. Ausgeführt sieht es so aus, als würde Ihr Pferd Ihre Bewegung spiegeln.

Reizen Sie diese Übung in keinem Fall aus. Der Bewegungsablauf kann zwar helfen, Ihr Pferd auf Ihre Körperausrichtung zu sensibilisieren, maßlos ausgeführt jedoch, belastet er Bänder und Sehnen stark.

01 Aus Ihrer Perspektive wendet das Pferd von rechts nach links.

02 Versuchen Sie aufwärts zu denken, um Ihrem Pferd dadurch etwas Auftrieb in der Wendung zu geben.

03 Das Pferd springt einen Richtungswechsel um 180 Grad.

03

BINDUNG

Aktives gemeinsames Entspannen und Wohlfühlen sehe ich als wichtigen Teil in der Kommunikation mit dem Pferd.
Die gemeinsame „Fellpflege" (Grooming) ist eine Variante der Entspannung. Finden Sie heraus, wo sich Ihr Pferd gerne kraulen oder „kratzen" lässt. Es kann eine Stelle geben, die sich für Ihr Pferd immer gut anfühlt, oder aber sie variiert jeden Tag. Finden Sie eine für den Moment passende Stelle, wird es die Zuwendung erwidern wollen. Geben Sie Ihm die Möglichkeit dazu. Fällt diese zu grob für Sie aus, schieben Sie das Maul sanft von sich weg. Es wird die Entspannung, auch ohne Sie zurückkraulen zu können, genießen. Ist ein anderes Pferd in der Nähe, ist es auch möglich, dass es das andere krault und so eine Kraulkette entsteht.
Achten Sie dabei stets auf die Körpersprache aller Beteiligten. In der innerartlichen Kommunikation wird das Grooming nicht nur zur Fellpflege genutzt, sondern auch um Bindungen und Freundschaften in der Herde zu stärken und Stress abzubauen.
Sie werden bei dieser gemeinsamen Aktion einen ähnlichen Effekt erzielen und die Bindung zwischen Ihnen und Ihrem Pferd wird gestärkt werden.

Kennen Sie die Lieblingskraulstelle Ihres Pferdes? Vielleicht neben der Schweifrübe?

Durch Ihre Rückwärtsbewegung erfolgt eine Einladung, auf Sie zuzugehen.

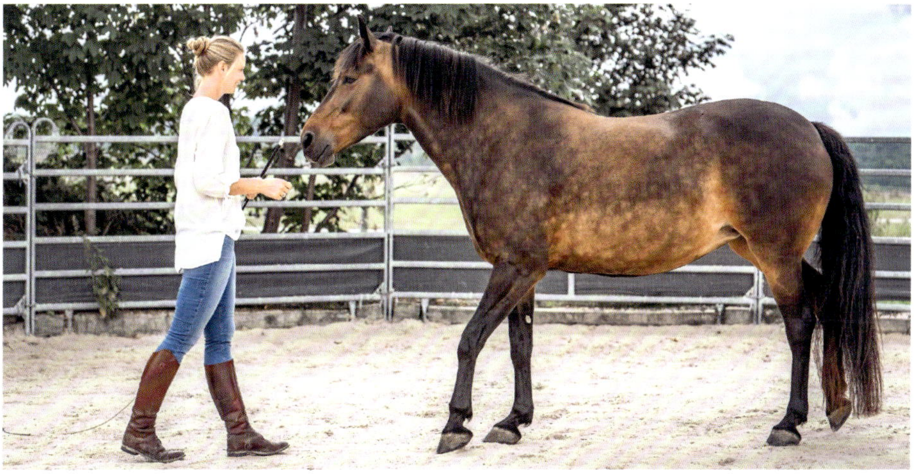

Gehen Sie auf das Brustbein des Pferdes zu, um Raum einzunehmen und es rückwärtstreten zu lassen.

ANTWORTVERHALTEN

Als Vorbereitung auf die Arbeit am Kappzaum und auf die Übungen zur freien Arbeit, die im nächsten Kapitel beschrieben werden, sollte das Pferd gerne in den von Ihnen freigegebenen Raum eintreten wollen. Zur Überprüfung und Festigung dieses Verhaltens, bewegen Sie es ein oder zwei Schritte rückwärts und geben dann durch einen Rückzug Ihrerseits wieder Raum frei, in den es eintreten kann.
Achten Sie darauf, dass Sie es dabei nicht von der Seite antreiben, sondern es lediglich durch Ihre Rückwärtsbewegung einladen. Dafür können Sie die Arme leicht zu beiden Seiten öffnen. Diese Geste wird es mit der Zeit veranlassen, auf Sie zuzutreten, auch ohne dass Sie sich gleichzeitig rückwärtsbewegen.
Versuchen Sie Ihr Pferd jetzt – allein durch eine leichte Gewichtsverlagerung nach vorne – nach hinten pendeln und mit einer Gewichtsverlagerung Ihrerseits nach hinten, wieder vorpendeln zu lassen. Hierbei bewegen sich Füße und Hufe nicht mehr.

HILFSMITTEL

Werkzeuge oder Hilfsmittel helfen uns, mögliche eigene Defizite auszugleichen oder erleichtern die Arbeit. Gewünschte Effekte stellen sich in der Regel schneller ein. Haben wir uns einmal an die Nutzung bestimmter Hilfsmittel gewöhnt, fällt es uns schwer, ohne sie zurechtzukommen, besonders dann, wenn wir nie gelernt haben, bestimmte Tätigkeiten zunächst ohne sie durchzuführen.
Ich nutze die längere Gerte oder Touchierpeitsche, um eine Körperverlängerung oder auch Blickverlängerung zu visualisieren.
Ich verlängere beispielsweise meinen Körper nach hinten, um die Länge eines Pferdes zu suggerieren oder hebe sie an, um meinen Blick auf bestimmte Körperstellen am Pferd anzuzeigen und bei Bedarf durch eine Berührung zu verdeutlichen.
Der Einsatz der Touchierpeitsche kann in der Kommunikation als Vorbereitung dienen, Schenkelhilfen, die wir beim Reiten geben wollen, bereits am Boden zu erlernen. Oder aber er dient zur Visualisierung der eigenen Körperausrichtung.
Zunächst wird der eigene Muskeltonus erhöht und Energie, die vom Körper ausgeht, wird durch den Einsatz der Peitsche intensiviert.
Eine Gefahr beim Einsatz dieser besteht darin, dass wir in unserer Körpersprache schweigen, die Peitsche durch ihre reine Präsenz aber ganz viel „sagt". In diesem Fall gerät das Pferd in ständige Handlungsnot, wenn es sie nur sieht. Vom Equipment sollten also keine Informationen ausgehen, ohne an eine von uns ausgeführte Geste oder unseren Blick gekoppelt zu sein. Es wird sonst irgendwann auf das Equipment überreagieren.

Eine weitere Möglichkeit ist es, den eigenen Körper auf beiden Schulterseiten zu „verlängern". Durch den Einsatz von zwei Peitschen können so flexibel auf jeder Seite Signale oder begrenzende Hilfen gegeben werden.

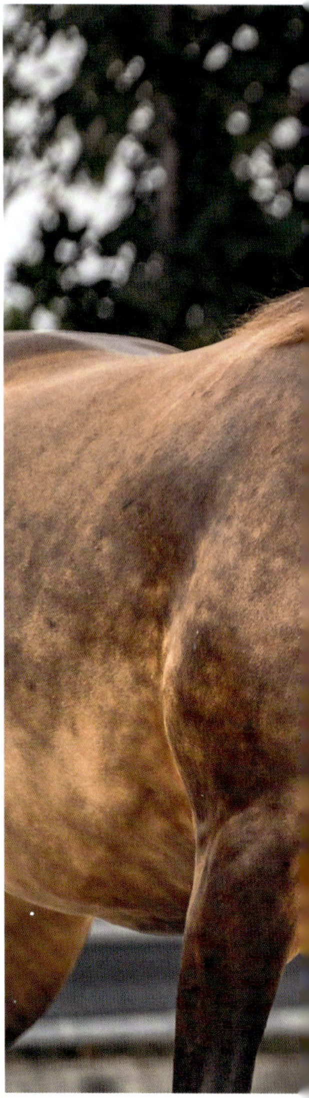

Sie können Ihren Körper durch eine Touchierpeitsche verlängern und so Ihre Körpersprache verdeutlichen oder intensivieren.

Auf das akustische Signal, das durch den Schlag (damit ist das Seilchen am Ende der Peitsche gemeint) ausgehen kann, verzichte ich in der Kommunikation mit dem Pferd gänzlich, denn ich möchte es nicht in die Not bringen, flüchten zu müssen oder gar einen Schmerzreiz beenden zu wollen. Die Touchierpeitsche soll lediglich die Ausrichtung meines Körpers verdeutlichen und zu einer sensiblen Kommunikation beitragen.

ZWISCHEN
FREIHEIT UND
VERANTWORTUNG
— Philosophie und Praxis

THINK FREE

»Es gibt keinen Menschen, der nicht die Freiheit liebte; aber der Gerechte fordert sie für alle, der Ungerechte nur für sich allein.«

Carl Ludwig Börne,
deutscher Journalist, Literatur- und Theaterkritiker, 1786–1837

Die Auseinandersetzung mit der Freiarbeit lässt mich immer wieder über den Begriff Freiheit philosophieren. Wieviel Freiheit steckt in der Arbeit mit den Pferden wirklich? Was beschreibt das Wort „frei“ in diesem Zusammenhang? Die Kommunikation ohne Verbindung über ein Seil in harmonischer „Verbundenheit“? Oder beschreibt das Wort „frei“ tatsächlich nur die Abwesenheit von Equipment, diese aber ohne den freien Willen des Pferdes und das Wissen um seine „Freiheit“?
Beides kann der Fall sein.
Ob Freiarbeit, Freiheitsdressur oder Liberty, die Kommunikation ohne eine Verbindung zum Pferd, weder über ein Seil noch einen Zügel, hat viele Namen. Alle scheinen bestimmte Assoziationen in uns wachzurufen. Wenn ich Mensch und Pferd in der Freiarbeit unterrichte, stelle ich zu Beginn die Frage nach dem Wunsch, der Antrieb ist, mit dem eigenen Pferd „frei“ arbeiten zu wollen. Viele wünschen sich eine zwanglose Kommunikation, die auf einer Art „*Freiwilligkeit*“ beruht und die dem Pferd keinen Stress verursacht.

Dieser Weg der Kommunikation ausschließlich über den Einsatz unserer Körpersprache ist jedoch nicht unbedingt harmonischer und damit auch nicht zwangsläufig stressfreier. Wieviel Stress er auslösen kann, ist von etwas anderem abhängig: Aus meiner Erfahrung ist die Frustrationsgrenze bei Pferd und Mensch schnell erreicht, wenn wir uns in der gewählten Kommunikationsart erst noch zurechtfinden müssen. Das Experimentieren mit der eigenen Körpersprache ist zwar im Moment der Kommunikation mit dem Pferd möglich, da es aber keine unserer Aktionen ignorieren kann und wir diese auch nicht zurücknehmen können, ist seine Aufnahmekapazität schnell erreicht. So erlebt das Pferd diese Situation als eher stressvoll. Wie harmonisch der Lernprozess ausfällt, liegt also am Ende daran, welche Art der Kommunikation uns mehr liegt und in welchem Bereich wir kompetenter sind. Der gewählte Weg über den Einsatz von Equipment oder der ohne, ist also nicht entscheidend dafür, wie viel Stress beim Pferd entstehen kann. Wollen wir dennoch über einen Weg kommunizieren, den wir erst selber noch erlernen müssen, sollten wir sensibel auf Stressanzeichen beim Pferd eingehen und uns selbst in Ruhe und Geduld üben.

Für mich ist die freie Arbeit ein zeitloses Gespräch, in dem ich lerne zu schauen und wahrzunehmen, und in dem beide Beteiligten, Mensch wie Pferd, etwas zu sagen haben.

Entscheiden wir uns dafür, unsere Körpersprache besser kennenlernen zu wollen, bietet die Arbeit ohne Equipment eine wunderbare Möglichkeit, ein Verständnis füreinander zu entwickeln. Wir nehmen uns explizit Zeit, um die verschiedenen Körper, ihre Funktionalität und die je eigene Sprache, unsere und die des Pferdes kennen- und verstehen zu lernen. Zusätzlich können wir so Missverständnissen, die eventuell durch den Einsatz von Equipment verschleiert werden, auf die Spur kommen.
Die freie Arbeit, um die es in diesem Kapitel geht, bedeutet für mich in erster Linie, mit dem Pferd in einen Austausch zu gehen. Dieser Austausch beinhaltet u.a. die Erarbeitung gesunderhaltender Bewegungsabläufe. Ausbildungsinhalte der freien Arbeit unterscheiden sich für mich dementsprechend nicht von denen, die ich mit den Pferden am Kappzaum, in der klassischen Handarbeit oder beim Reiten erarbeite. Bewegungsabläufe und Ausrichtungen des Pferdekörpers sind also in allen Bereichen dieselben und angepasst an das jeweilige Exterieur und Interieur und erfolgen ohne „Zwang“. Der einzige Unterschied liegt am Ende darin, dass bei gleichen Ausbildungszielen, diese in der freien Arbeit am Boden überwiegend über visuelle Hilfen erarbeitet und ausgeführt werden.
Ich bin immer wieder fasziniert davon, mit wie viel Leichtigkeit die Pferde fordernde Lektionen kraftvoll und motiviert ausführen können und meine Idee zu ihrer Idee werden kann, gerade weil sie sich nicht auf die Hilfengebung unseres Equipments fokussieren.
Nun zurück zum Wunsch der Freiwilligkeit in der Kommunikation. Ich finde es schön, dass mir das Pferd in der Freiarbeit ein direktes Feedback geben kann, indem es einfach gehen kann, wenn ich es überfordert habe. Die Option, diese „Freiheit“, sich vom Menschen entfernen zu können, auch zu nutzen, ist für das Pferd jedoch nicht immer die naheliegende. Wenn es gelernt hat, sich auf uns und die von uns gestellte Aufgabe zu fokussieren, ist es auch ohne Einwirkung über mechanische Hilfen „gebunden“. „Frei“ ist es dann nur von Equipment, „gebunden“ bleibt es durch die Fokussierung auf den Menschen, selbst dann, wenn es einmal unangenehm werden sollte. Deshalb tragen wir hier eine große Verantwortung dafür, die Lernbereitschaft des Pferdes nicht zu missbrauchen. Das gilt für die Freiarbeit ebenso wie für die Arbeit mit Equipment. Die Gefahr, unseren psychischen Einfluss auf das Pferd auszunutzen, sollte genauso sensibel betrachtet werden wie der mögliche Missbrauch physischer Einwirkungen.

Freiarbeit ist für mich das Ergebnis von respektvoller, sanfter gewaltfreier Kommunikation.
Es lohnt sich, die Herangehensweise in der Freiarbeit immer wieder neu zu überdenken, da das sichtbare Ergebnis, die Freiwilligkeit, trügerisch sein kann.

Ich habe deshalb den großen Wunsch, dass ethische Fragestellungen zu unseren Entscheidungen, Handlungen und Gewohnheiten stärker in den Fokus unserer Arbeit gerückt werden und das Gewohnte und Selbstverständliche auch in der freien Arbeit unter diesem Gesichtspunkt hinterfragt werden.

Es braucht Durchhaltevermögen und nicht zu wenig Geduld mit sich selbst.

Auf die freie Arbeit mit den Pferden bezogen, sehe ich keine Notwendigkeit, einen separaten weiteren Leitfaden zu schreiben. Auch bedarf es für mich keiner weiteren Methode oder Ausbildungsskala. Vielmehr sehe ich die Notwendigkeit darin, an der Bereitschaft zur Umsetzung des Vorgenommenen und an der Selbstreflexion zu arbeiten. Schnell ans Ziel gelangen zu wollen, sollte dabei nicht im Vordergrund stehen. Ich sehe auch weiterhin eine große Diskrepanz zwischen dem Wissen, das uns zur Verfügung steht und dem, was in der Praxis tatsächlich Anwendung findet. Um sich weiteres Wissen anzueignen, empfehle ich Literatur, die sich fundiert mit einer gesunderhaltenden Ausbildung des Pferdes beschäftigt und dabei Körper und Psyche gleichermaßen in den Blick nimmt.

Alles, was am und mit dem Pferd geschieht, ist allein für das Pferd. Der viel zitierte Satz „Die Dressur ist für das Pferd da und nicht umgekehrt", sollte auch in der Freiarbeit bedacht werden. Auch diese ist für das Pferd da und nicht umgekehrt.

Ein zeitloses Gespräch zwischen Mensch und Pferd …

EINFÜHRUNG IN DIE FREIARBEIT

HILFENGEBUNG

Die Hilfengebung in der Freiarbeit unterscheidet sich nicht wesentlich von der Arbeit mit Equipment. Die Ansteuerung einzelner Körperbereiche liegt hier ebenso im Vordergrund, in diesem Fall erfolgt sie jedoch eher visuell über die Gertenhilfen oder Stimmkommandos. Auch in der Arbeit mit Equipment möchte ich den Pferden zum eigenen Denken und Handeln so viel Freiraum wie möglich lassen. Die Arbeit ohne Equipment animiert mich jedoch dazu, noch intensiver über den Einsatz meiner Körpersprache nachzudenken.

HILFENGEBUNG …

… in der visuellen Kommunikation:

- Bewegungsrichtung
- Körperausrichtung
- Blickrichtung
- Intensität (Energie)
- Gertenhilfe (zeigend)

… in der taktilen (haptischen) Kommunikation:

- Gertenhilfe (touchierend, am Pferd liegend)
- Berührung mit den Händen oder dem Körper

… in der akustischen Kommunikation:

- Stimmkommando
- Lobwort
- Abbruchsignal (aversiver Reiz)

MASS DER HILFEN

In der Arbeit mit dem Pferd bin ich die Ideengeberin. Auf der Grundlage meiner Kenntnisse der physischen und psychischen Leistungsfähigkeit meines Pferdes lege ich im Trainingsprozess Nahziele und Fernziele fest, die ich zu jeder Zeit flexibel an die Situation anpasse.

Anhand dieses Maßstabes überlege ich, in welcher Intensität und Quantität das Pferd Hilfen benötigt, um die unterschiedlichen Lektionen und Bewegungsabläufe ausführen zu können. Ich möchte ihm dabei zu Beginn eine große Hilfestellung sein.

Dafür stehen mir zwei Möglichkeiten zur Verfügung: Ich beginne entweder mit der kleinstmöglichen Hilfe und lasse diese größer werden, oder aber mit der größten und ausladendsten Bewegung – groß, jedoch nicht grob – und reduziere diese mit jeder Wiederholung. Beide Varianten können in unterschiedlichen Situationen hilfreich sein. Das Ziel sollte in jedem Fall die kleinstmögliche Hilfestellung sein, um dem Pferd möglichst viel Bewegungsfreiheit zu geben, psychisch wie physisch.

Damit es meine Hilfen überhaupt verstehen kann, ist die Basis jeder Lektion immer das Verstehen der Bewegungsrichtung, die ich ihm vorgebe, also in welche Richtung es mit seinen Gedanken streben soll: Der Körper wird dem Gedanken folgen. Die passende Körperhaltung je nach Lektion und der Versammlungsgrad und die daraus resultierende Hals-Kopf-Position, lasse ich das Pferd zuerst einmal in der Bewegung selbst erforschen. Es darf dabei anfangs selbst wählen,

Die Gertenhilfe kann eine visuelle Hilfe sein, aber auch eine taktile, indem sie berührt oder sanft touchiert.

was sich am effizientesten anfühlt, bevor ich später anfange zu „lenken“.
Ich versuche also durch meine Hilfen einen Rahmen zu schaffen. In diesem erhält das Pferd selbst die Möglichkeit, nach einer Lösung nach dem Prinzip von Versuch und Irrtum zu suchen. Durch Lob gebe ich ihm im Moment der gewünschten Antwort den Hinweis, die Lösung gefunden zu haben.

HILFEN ZUR STÄRKUNG DER SELBSTWIRKSAMKEIT

Damit das Pferd motiviert und selbstständig Übungen ausführen kann und im Training ein hohes Maß an Selbstwirksamkeit erfährt, ist es mir wichtig, Hilfen nicht als Korrekturmaßnahme zu verstehen. Es geht mir z. B. darum, ein Verwerfen im Genick nicht mechanisch zu korrigieren, sondern dem Pferd die Chance zu lassen, in dem vorgegebenen Rahmen der Hilfen selbst eine gesunde, angenehme Haltung zu finden. Es wird die für ihn zu diesem Trainingszeitpunkt bestmögliche Haltung einnehmen, wenn die richtigen Voraussetzungen durch eine korrekte Ausrichtung des restlichen Körpers gegeben sind.

»Wenn ich die Meinung eines anderen anhören soll, so muss sie positiv ausgesprochen werden; Problematisches hab ich in mir selbst genug.«

Johann Wolfgang von Goethe, deutscher Dichter und Naturforscher, 1749–1832

DURCH FAIRE HILFEN ZUR LEICHTIGKEIT

Ist das Ziel die „Leichtigkeit“, würde eine Hilfengebung, die ausschließlich als Korrekturmaßnahme verstanden und eingesetzt wird, nicht zum Ergebnis Leichtigkeit innerhalb der Kommunikation führen. Sie würde das gewünschte Ergebnis verfremden. Der Weg dorthin wäre für das Pferd, genauso wie für mich auch, ein unangenehmer.

Er sollte deshalb genauso wenig erzwungen sein wie das Ziel. Es wäre unehrlich, Leichtigkeit vorzugeben, wenn der Weg dahin ein Kampf ist. Deshalb sollte das bewusste Einsetzen nicht kongruenter Hilfen, wie starkes Treiben gegen eine begrenzende Hilfe, tunlichst vermieden werden. Jede bewusste Inkaufnahme einer gedrosselten Bewegung über den Nasenrücken, die eine starke Überzäumung verursacht und damit die Nase hinter die Senkrechte oder nach unten/hinten drängt, ist zu vermeiden, denn sie lässt Psyche und Körper leiden. Diese Art Signale einzusetzen, hat eine ähnlich kontraproduktive Wirkung wie ein rückwärts arbeitender und wirkender Zügel, ob beim Reiten oder in der Arbeit an der Hand. Achten Sie immer darauf, dass Ihre Bewegung im Raum, Ihr Arm, die Gerte oder Ellenbogenbeuge, das Pferd in seinem Vorwärtsgedanken nie zu stark einschränken und mechanisch nach hinten oder unten manipulieren.

DIE GERTE ALS HILFSMITTEL

Ein Gertensignal kann die mit dem Körper bereits gegebene Hilfe verstärken oder aber auch erklärend wirken. Wir sollten es vermeiden, dass das Pferd aus Angst vor der Gerte weicht. Vielmehr sollte es die Chance bekommen, die Bedeutung der Gertensignale mit Ruhe zu erlernen. Sind die Gertenhilfen verstanden, ist es möglich, das Pferd allein durch die Position der Gerte (zeigende Funktion) ohne ein zusätzliches Touchieren reagieren zu lassen.

Losgelöst von der Körpersprache kann die Gerte je nach Position und Art der Einwirkung auch alleinstehende Signale geben. Dazu werden unterschiedliche Touchierpunkte angesprochen, die entweder ein erlerntes Verhalten abrufen oder aber das Pferd reflexartig reagieren lassen.

01

Ich möchte jedoch zu bedenken geben, dass die Gerte losgelöst vom Menschen keine Information für das Pferd haben sollte. Auch die konditionierten Touchierpunkte sollten immer in Kombination mit der eigenen Körpersprache (Raumausrichtung/Position) angesprochen werden. Noch wichtiger als auf die Gertenhilfen zu reagieren, ist es für das Pferd zu wissen, wann es nicht reagieren muss. Eine unnötig übertriebene Reaktionsbereitschaft und eine damit verbundene Hektik kann so vermieden werden.

Wird die Gerte ausschließlich in Kombination mit der eigenen Körpersprache eingesetzt und hat sie dabei eine erklärende Intention, kann sie irgendwann überflüssig werden. Sogar in der Ausführung höherer Lektionen wird sie nicht mehr

GERTENHILFEN KÖNNEN UNTERSCHIEDLICH WIRKEN:

- weichend
- heranziehend
- verwahrend
- anzeigend

02

03

01 Fokussierung auf die Schulter – das Pferd lernt, ausschließlich mit der Vorhand (Schulter) von Ihnen wegzuweichen.

02 Fokussierung auf den Widerristbereich – das Pferd lernt, ausschließlich mit der Vorhand (Schulter) auf Sie zuzukommen.

03 Fokussierung auf den Oberschenkel – das Pferd lernt, ausschließlich mit der Hinterhand von Ihnen wegzuweichen.

04 Fokussierung auf die gegenüberliegende Hüftseite – das Pferd lernt, ausschließlich mit der Kruppe auf Sie zuzukommen.

04

gebraucht, vorausgesetzt, sie hat nie „alleine" gehandelt.
Stellt die Gerte die Verlängerung des Blickes dar, kommt sie immer nur da zum Einsatz, wo der Hauptfokus liegt. Der jeweilige Körperteil wird mit dem eigenen Blick fokussiert oder die Richtung wird durch die Bewegung des eigenen Körpers im Raum vorgegeben. Kurz darauf folgt die erklärende Geste mit der Gerte. Wenn auf diese eine deutliche, erlernte Antwort des Pferdes folgt, kann tatsächlich von Hilfen gesprochen werden und nicht mehr vom Gertensignal als „Korrektur", beispielsweise über einen unangenehmen Reiz.
Werden die Touchierpunkte in der Kommunikation am Boden dort festgelegt, wo beim Reiten auch Zügel, Bein oder der Sitz einwirken können, ist eine wunderbare Vorbereitung geschaffen, die verschiedenen Hilfen und Signale mit Leichtigkeit auch in den Sattel übertragen zu können.

„Stellt" sich das Pferd auf die Hilfe mit Ihrer Hand, …

… setzen Sie diese aus.

DAS AUSSETZEN DER HILFEN

Eine Hilfe erfüllt erst dann und nur dann ihren vollen Zweck, wenn sie denjenigen, dem geholfen wird, nicht von ihr abhängig macht. Integrieren wir diese Erkenntnis ins Pferdetraining, geht es darum, den entscheidenden Moment für das Auslassen der Hilfen zu finden. Das Pferd wird so nach und nach mit immer weniger Hilfen auskommen und quasi zur Selbstständigkeit ausgebildet. Auch motiviert das „Aussetzen der Hilfen" es, sich innerhalb der Lektion wohlzufühlen und nicht ausschließlich auf die Pause hinzuarbeiten. Ziel ist es, Motivation für Bewegung zu kreieren. Zudem wird überprüft, ob das Pferd sich in der zuvor mit der Hilfestellung eingenommenen Haltung selbst halten kann und wie viel es von dem verstanden hat, was wir versucht haben ihm zu vermitteln. Das Pferd soll die Bewegungen weiter motiviert ausführen und an Aktivität, auch beim Aussetzen der Hilfen, nicht verlieren.

Die einzige Hilfe, die wir nicht aussetzen können, ist unsere Anwesenheit.
Gestalten wir sie deswegen so angenehm wie möglich!
Es verlangt uns mehr ab, nichts zu tun, als Dinge zu tun.

Setzen Sie also immer wieder Hilfen aus (bis auf die Bewegungsrichtung im Raum und Ihre Ausrichtung) und schauen Sie, was passiert. Wie viel versteht das Pferd noch von der Übung ohne die volle Summe Ihrer Hilfen? Nehmen Sie sie wieder hinzu, wenn es sie benötigt. Sie werden mit der Zeit immer weniger Hilfen geben müssen und es wird sich innerhalb der Lektionen immer wohler fühlen.
Denken Sie an ruhige Gesten, vor denen Ihr Pferd keine Angst haben sollte, falls Sie es um Hilfestellung zu geben mit den Fingerspitzen oder der flachen Hand berühren wollen. Sobald es die gewünschte Antwort zeigt, nehmen Sie die Berührung sofort, aber ruhig wieder weg. So muss es nicht länger auf der Suche nach neuen Lösungswegen sein.

BEDÜRFNIS NACH PAUSE

Eine weitere Form der Zustimmung wie das im vorangegangenen Kapitel beschriebene Auslassen der Hilfen, ist die „Abwesenheit der Lektion" in Form einer Pause.
Zustimmung als Mittel, ein gewünschtes Verhalten zu verstärken, ist auf vielen Wegen möglich. Sie ist u. a. ausschlaggebend bei Verarbeitungs- und Speicherungsprozessen von Informationen.

Die Gestaltung der Pause ist abhängig vom Pferdecharakter, seiner Tagesform und auch der jeweiligen Lektion, die gerade erarbeitet wird. Dazu kommt die „Lob-Präferenz", die das Pferd zeigt. Es gilt diese wahrzunehmen und herauszufinden, wie es sich in seinem Verhalten „bestätigt" fühlt. Dabei sollte der eigene Wunsch, z. B. nach Nähe, nicht über das Bedürfnis des Pferdes gestellt werden, indem wir es mehr berühren, als das Pferd es gut findet und genießen kann. Auch das bestgemeinte Lob hat dann keinen Effekt auf den Lernprozess.

Zu Beginn der Erarbeitung eines bestimmten Bewegungsablaufes in der Freiarbeit ist es sinnvoll, Pausen im Stehen zu gestalten. Hier geht es darum, gänzlich informationsarme Momente zu schaffen, denn Nähe kann immer auch eine erhöhte Anspannung verursachen. Beim Pausieren im Stehen eröffnet sich die Möglichkeit, dem Pferd durch ein aktives Wegtreten und „Zurückgeben" des Raumes Respekt zu zollen. Es wird auch bei höheren Anforderungen immer mehr Nähe zulassen, wenn ein fairer

VERSCHIEDENE MÖGLICHKEITEN DER ZUSTIMMUNG

- Aussetzen der Hilfen
- von einer komplexeren Lektion in eine leichtere Lektion übergehen
- Bewegungspause (informationsarm)
- Raum geben
- Berührung
- Stimmlob

Finden Sie die „Lob-Präferenz" Ihres Pferdes heraus, damit Ihr Lob auch als dieses verstanden werden kann. Raum geben kann eine Form des Lobes sein.

Umgang mit „Raum geben" und „Raum einnehmen" stattfindet.
Trägt das Pferd ein zu hohes Maß an Unruhe in sich, um eine Pause im Stehen anzunehmen, empfiehlt es sich, es sich bewegen zu lassen. Eine reizarme Position, in der kaum Informationen gegeben werden müssen, ist z. B. die erlernte Führposition als Komfortposition.
Wird das Pferd gerne berührt und kann ein Kratzen oder Kraulen genießen, ist das die innigste Form der Belohnung, die wir ihm geben können.
Diese kann im Stehen oder auch im Gehen erfolgen.
Schaffen Sie sich so viele Situationen wie möglich, in denen Sie die Chance bekommen, Ihrem Pferd zuzustimmen.

TIMING

Neben dem Aussetzen der Hilfen innerhalb der Lektionen, trägt das komplette Pausieren entscheidend zur Konzentrationsfähigkeit und zur Motivation des Pferdes und auch des Menschen bei. Erfährt das Pferd zu Beginn einer neuen Lektion Zustimmung bereits für den kleinsten Gedanken in die gewünschte Richtung, wird ein hohes Maß an Frustration durch zu viele Fehlversuche im Lernprozess weitestgehend vermieden.

Die Berührung als Lob

Das kann ein Blick oder eine Pendelbewegung (Gewichtsverlagerung) in die vorgegebene Richtung sein.
Hat das Pferd die Lektion bereits kennengelernt und befindet sich auf dem richtigen Weg (es bietet keine ganz neuen Bewegungsmuster innerhalb der Übung mehr an), sollte es die Lektion in der bestmöglichen Qualität noch ein paar Schritte weiter gehen, damit es währenddessen durch die Stimme oder eine Berührung gelobt werden kann. Die danach folgende Pause kann dann eher unkommentiert und informationsarm sein.
Wird dem Pferd ein bestimmter Rahmen vorgegeben, in dem es selbstständig nach einer funktionellen Haltung suchen darf, schafft nicht nur das von uns vermittelte Lob, sondern auch die selbst gefundene, angenehme und effiziente Haltung dem Pferd ein Erfolgserlebnis. Jetzt ist das Timing entscheidend, um es mit der gefundenen Haltung nicht zu erschöpfen und es rechtzeitig aus der Übung zu entlassen. Wie lang eine Sequenz innerhalb einer Trainingseinheit gestaltet wird, ist abhängig vom Ausbildungsstand des Pferdes und natürlich unserer Konzentrationsfähigkeit und Kondition.
Um den größtmöglichen Lernerfolg zu erhalten, ist es jedoch entscheidend, kurze Reprisen von wenigen Sekunden nicht zu überschreiten und eine Trainingseinheit unter einer halben Stunde Länge zu gestalten.

ÜBERFORDERUNG

Wiederholungen geben dem Pferd die Chance, Bewegungsabläufe zu verinnerlichen. Ein Trainingseffekt für Körperbewusstsein und Muskulatur wird so erst möglich. Wiederholen wir jedoch eine Lektion zu häufig oder führen sie zu lang aus, kann ein Kraftverlust eintreten, der den Bewegungsapparat und die Psyche stresst. Hier gilt es, ein Gespür für die Leistungsfähigkeit des Pferdes zu entwickeln und aufzuhören, bevor es erschöpft.

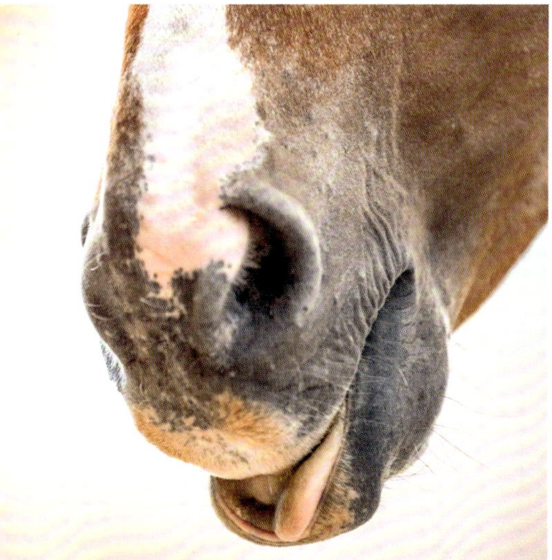

Das Kauen und Schlecken während oder nach einer Lektion löst Spannungen aus der Kiefermuskulatur.

Um Fehlinterpretationen zu vermeiden, sollten Sie die Ohrenposition wie auch den Rest der Mimik nie nur separat betrachten.

MIMIK ALS MASSSTAB

Die innere Haltung des Pferdes wird in seiner Mimik sichtbar.
Ein und dieselbe Bewegung kann das Pferd mit unterschiedlichen Intentionen ausführen, zum Beispiel die Bewegung auf den Menschen zu.
In der einen Variante holen wir es durch treibende Gesten in seine Richtung auf uns zu: Wir senden treibende Hilfen in Richtung Pferd, es lernt die treibenden Hilfen durch das Auf-uns-Zulaufen zu beenden. Diese Variante kann mit sehr viel Spannung verbunden sein. Seine Frustrationsgrenze kann dadurch schnell erreicht sein und es entlädt seine Überspannung mit Übersprungshandlungen wie Kopfschlagen oder Kopfkreisen. Ist die Frustrationsgrenze überschritten, kann es auch zum Angriff kommen. Hier wird schließlich mit Bewegungsabläufen „gespielt", die das Pferd natürlicherweise nur bei einem tatsächlichen Angriff zeigt oder beim Vor-sich-Hertreiben eines Artgenossen oder Feindes. Das Anlegen der Ohren, welches zu beobachten ist, wenn es in eine deutlich treibende Hilfe hineinlaufen soll, kann Unterschiedliches bedeuten. Um diese Mimik interpretieren zu können, sollten wir immer seine gesamte Körpersprache beurteilen.

In der zweiten Variante lernt das Pferd durch eine Konditionierung auf eine Geste, wie beispielsweise das Öffnen der Arme mit gleichzeitigem Rückzug, auf uns zuzulaufen. Vermeiden wir das Treiben in Richtung Pferd, kann eine eher positive Grundhaltung bei ihm entstehen. Eine offene, positive Mimik ist zu beobachten und die Ohren sind in unsere Richtung gespitzt oder bewegen sich locker vor und zurück.

MIMIKWECHSEL

Achten Sie in den Lektionen darauf, ob Ihr Pferd seine Mimik zwischenzeitlich von einem angespannten Gesichtsausdruck zu einem entspannten ändert. Loben Sie es, indem Sie es entweder aus der Übung entlassen oder während der Übung loben. So motivieren Sie Ihr Pferd, seine positive Grundeinstellung nicht zu verlieren. Die Ohrenstellung kann ein deutlicher Hinweis darauf sein, ob das Pferd – in welcher Hinsicht auch immer – überfordert ist. Richtet es sie nach hinten, kann das ein Zeichen für eine erhöhte Konzentration sein und lediglich einen erhöhten Muskeltonus anzeigen. Legt es sie jedoch flach an den Kopf an, überprüfen Sie, ob Sie vielleicht etwas zu viel verlangt haben, z. B. eine Übung zu lange durchgeführt haben oder ihre Hilfen nicht kongruent waren. Je nach Genetik (Exterieur/Interieur) offenbaren Pferde ihren jeweiligen Gemütszustand mehr oder weniger über die Ohrenposition oder über ein Rümpfen der Nüstern. So sind auch einige Rassen und Pferdetypen in ihrer Mimik deutlicher als andere. Auch kann beispielsweise eine erhöhte Anspannung in der Kiefermuskulatur des Pferdes sichtbar werden, indem sich die Muskelstränge durch das Fell hindurch abzeichnen. Entspannt sich diese Muskulatur und das Pferd beginnt zu schlecken und zu kauen, können Sie dieses Verhalten, einen Weg aus der Spannung gefunden zu haben, durch ein Lob noch einmal positiv unterstützen.

ZWEI SEITEN

Zu Beginn der Ausbildung ist die natürliche Schiefe des Pferdes deutlich in jeder Bewegung in den verschiedenen Lektionen zu erkennen. Auch in der Freiarbeit, ganz ohne mechanische Hilfe von Equipment, werden Sie schnell feststellen, welche Positionen und Bewegungsabläufe Ihr Pferd mit mehr

01 Das Pferd stellt sich nach rechts.

02 Das obere Pferd befindet sich in der Rechtsbiegung und das untere Pferd in der Linksbiegung.

01

Leichtigkeit ausführen kann, als andere. Passen Sie deshalb innerhalb der Lektionen das Maß der Abstellung im Genick und die Biegung an die Schiefe und damit an die funktionellen Möglichkeiten Ihres Pferdes an.
Um ein Pferd geraderichten zu können, es also dahingehend zu trainieren, dass es muskulär ins Gleichgewicht kommt, muss zunächst folgende Voraussetzung geschaffen werden: Vor- und Hinterhand müssen sich separat aufeinander einstellen können.
Die Lektionen Schulterherein und Travers, jeweils auf beiden Händen, schulen das Verständnis hierfür und schaffen die Möglichkeit, das Pferd geraderichten zu können und damit den Körper vor Verschleiß durch einseitige Belastungen zu schützen.

02

STELLUNG

Das Pferd „stellt" sich im Genick nach links oder rechts. Beteiligt ist dabei der Bereich des Hinterhauptbeines, der des ersten Halswirbels (Atlas) und des zweiten Halswirbels (Axis). Die Ohren bleiben dabei auf einer Höhe, hängt ein Ohr tiefer als das andere, „verwirft" sich das Pferd im Genick. Dies ist nicht gewünscht.

Innenstellung
Das Pferd stellt sich nach innen.

Konterstellung
Das Pferd stellt sich nach außen.

BIEGUNG

Das Pferd biegt sich, wenn im Rippenkasten eine konvexe und eine konkave Seite entstehen. Das heißt, der Platz zwischen den Rippen weitet sich auf der äußeren Seite und auf der inneren verengt er sich. Das Pferd ist im Genick in dieselbe Richtung gestellt wie gebogen. Eine gleichmäßige Biegung durch den gesamten Pferdekörper ist wegen der unterschiedlichen Funktionalität der einzelnen Wirbelbereiche nicht möglich. Die Biegung des Pferdekörpers ermöglicht uns, das Pferd gerade richten zu können, um einseitigen Belastungen, die durch die natürliche Schiefe entstehen, vorzubeugen.

ÜBUNGEN

Es gibt viele unterschiedliche Möglichkeiten, die verschiedenen Hilfen in der Freiarbeit zu benennen und sie auch anzuwenden. Wenn Sie bereits eine gut funktionierende Sprache mit Ihrem Pferd haben, werfen Sie bitte nicht das bisher in Ihrer Arbeit mit ihm Erreichte über den Haufen, um die in diesem Buch aufgeführten Hilfengebungen und Übungen auszuprobieren. Verändern oder ergänzen Sie ausschließlich mit viel Geduld behutsam bereits verstandene Hilfen. Sie wollen die Welt Ihres Pferdes schließlich nicht an nur einem Tag vollkommen auf den Kopf stellen. Die beschriebenen Hilfen und Übungen dienen lediglich als Denkanstoß und Möglichkeit, wie Sie ein Training ohne Zäumung gestalten können. Haben Sie Geduld mit sich und noch mehr mit Ihrem Pferd. Denken Sie daran, Sie sind auf die Idee gekommen, dieses Buch zu lesen und nicht Ihr Pferd.

Die Freiarbeit kann eine wohltuende Abwechslung in Ihrem Trainingsalltag sein oder auch das Zentrum.
Sie wird Ihre Intuition für eine sensible Hilfengebung stärken und Ihnen die Möglichkeit geben, Ihre Ideen zu denen des Pferdes werden zu lassen.

So haben auch die im Folgenden beschriebenen Übungen keinen Anspruch auf Vollständigkeit, und damit ein Pferd lückenlos auszubilden. Sie bieten lediglich eine zusätzliche Möglichkeit, sich mit der feinen Kommunikation zwischen Mensch und Pferd auseinanderzusetzen. Ich empfehle eine stetige Weiterbildung auch mit Equipment unter professioneller Anleitung.

Alle Übungen können entweder mit einem Kappzaum vor dem Pferd oder in Position der Kurzzügelarbeit, z. B. in der Trense oder in der Hackamore (Bosal) durchgeführt werden.

Ich setze einen psychisch wie physisch gesunden Zustand des Pferdes für diese Übungen voraus und eine Basisausbildung mindestens im täglichen Umgang.

Die Übungen, die hier abgebildet sind, wähle ich in einer Position am Pferd, in der ich die Körpersprache des Pferdes am besten wahrnehmen und somit direkt auf diese eingehen kann.

Arbeiten Sie so lange im Schritt, bis sich jeder Bewegungsablauf und die jeweils einzunehmende Haltung bei Ihnen und Ihrem Pferd gefestigt hat. Starten Sie zu früh mit den Übungen im Trab, entstehen unnötige Überforderungen, die Sie und Ihr Pferd gerade in der Freiarbeit schnell frustrieren werden.

Es gibt immer mehrere Möglichkeiten, wo Sie sich für die verschiedenen Übungen positionieren. Ich zeige hier für die folgenden Lektionen ausschließlich die Positionen vor dem Pferd mit Blickrichtung zum Pferd. Diese entsprechen den Positionen aus der Arbeit am Kappzaum.

Wird dem Pferd durch die Bewegungsrichtung des Menschen Raum freigegeben, folgt es in den frei gewordenen Raum intuitiv, wird ihm durch eine treibende Geste Raum genommen, weicht es aus. Falls das nicht die Antwort Ihres Pferdes ist, gehen Sie zunächst noch einmal zurück zu den Übungen aus dem Kapitel „Begegnung auf Distanz" und erarbeiten Sie sich diese als Basis.

Je nachdem, in welche Richtung Sie sich bewegen und ausrichten, wird das zusätzlich Einfluss darauf nehmen, mit welchem Körperteil das Pferd weicht oder sich auf Sie zu

bewegt. So wird es z. B. für die folgenden Übungen, in denen auch die Seitengänge erarbeitet werden, möglich, mit dem eigenen Körper alle Hilfen zu geben, die zuvor vielleicht der Zügel übernommen hat.
Das Bewusstsein für die körperlichen Ausrichtungen bei Mensch und Pferd, die die Gesunderhaltung des Pferdes zum Ziel haben, werden in den folgenden Übungen geschult.
Dieses Kapitel ersetzt nicht die weiterführende Auseinandersetzung mit der Komplexität der facettenreichen individuellen Ausbildung von Pferd und Mensch.

EINEN RAHMEN GEBEN

Um das Pferd zu Beginn auf den Rahmen, den Sie ihm geben möchten, aufmerksam zu machen, lassen Sie es deutlich von den inneren Hilfen an die äußeren, begrenzenden Hilfen herantreten. Dies geschieht, während das Pferd sich vorwärts bewegt.

Dafür geben Sie ein Signal an seiner inneren Schulter, das es weichen lassen soll und lassen es an Ihren leicht angehobenen äußeren Arm herantreten. Dieser wird die Bewegungsenergie des Pferdes nach vorne ableiten. Das Pferd stellt sich daraufhin nach innen.
Sie bewegen sich stetig weiter rückwärts auf Ihrem Zirkel und folgen der Bewegung des Pferdes räumlich nicht mit nach außen.
Setzen Sie die Hilfe aus, wenn sich das Pferd in Position an Ihrer äußeren Schulter befindet und es seinen Blick (Stirnnasenlinie) leicht nach innen wendet. Dafür kann es sich für ein bis zwei Schritte seitwärts in Richtung Ihres äußeren Armes bewegen.
Zu einem späteren Zeitpunkt können Sie durch das Anheben der Gerte Richtung Kruppe (oberhalb der Wirbelsäule) das äußere Hinterbein ansprechen, um es einzurahmen und so am Ausscheren zu hindern.
Auf diese Weise kann dem Pferd ein zusätzlicher Rahmen gegeben werden. Es wird sich dadurch auf gebogenen Linien auch gebogen bewegen können.

Der angehobene Arm stellt die äußere Hilfe für das Pferd dar, an die es herantreten soll.

Um das Pferd rückwärtstreten zu lassen, bewegen Sie sich frontal auf das Pferd zu mit Fokussierung auf sein Brustbein.

ANHALTEN, BEWEGUNG BEENDEN, RÜCKWÄRTS

Eine Möglichkeit, das Pferd in seiner Vorwärtsbewegung auszubremsen, besteht darin, ihm den Raum zu nehmen, in den es gerade vorhatte zu gehen.
Arbeiten Sie zu Beginn in einem sehr niedrigen Schritttempo an der Bande, damit Sie dem Pferd frühzeitig durch Ihre Bewegung im Raum verdeutlichen können, dass es anhalten soll. Fügen Sie, wenn Sie möchten, ein bekanntes Stimmsignal für das Anhalten hinzu. Bleiben Sie stehen und richten Ihren Blick in Richtung Brust des Pferdes aus. Ein leicht vorgelehnter Oberkörper hilft dabei, die Intention, den Raum vor ihm einnehmen zu wollen, zu verdeutlichen.
Um das Pferd zum Anhalten zu animieren, vermeiden Sie es, Druck in Richtung Pferdekopf zu geben. Das führt zu Missverständnissen und animiert es dazu, den Kopf hochzureißen und je nach Energie sogar zum Steigen. Die Bande wird helfen, dass das Pferd nicht zu einer Seite ausweicht und gerade ausgerichtet stehen bleibt. Wiederholen Sie den Ablauf ohne Bande und das Pferd schert mit der Hinterhand weiterhin zu einer Richtung aus, können Sie es leicht in die entgegengesetzte Richtung stellen, um es wieder in die richtige Spur zu bringen. Je nachdem wie das Größenverhältnis zwischen Ihnen und dem Pferd ist, kann es passieren, dass Ihr Pferd seinen Kopf über Ihre Schulter hebt und mit der Brust versucht, Sie weichen zu lassen. Versuchen Sie in diesem Fall, das Signal deutlich früher zu geben, damit es die Möglichkeit hat, früher zu reagieren. Nutzen Sie diese Übung um zu überprüfen, ob auch die Rückwärtsbewegung ohne Ausscheren von einzelnen Körperteilen flüssig möglich ist, und Ihr Pferd ein Bewusstsein für den Raum hat, in den es nicht eindringen soll. Wiederholen Sie dies kleinschrittig und mit sehr ruhigen Bewegungen. Es geht nicht darum, dass

Ihr Pferd große spektakuläre Reaktionen zeigt, sondern mit Ruhe adäquat auf Ihre Körpersprache und in dem von Ihnen vorgegebenen Tempo reagieren kann. Vermeiden Sie bewusst abruptes Anhalten, um den Bewegungsapparat des Pferdes nicht zu überfordern.

AUF GERTENSIGNAL STEHEN

Eine weitere Übung, die eines klaren Konditionierungsvorganges bedarf, ist das Ablegen der Gerte auf dem Rücken des Pferdes, das zum Stehen führen soll (liegende Gertenhilfe). Legen Sie dafür die Gerte sanft auf seinem Rücken ab und verlängern Sie Ihren Ausatem, bis das Pferd sich nicht mehr bewegt. Nehmen Sie die Gerte sofort weg, sobald es die Tendenz zeigt, stehen bleiben zu wollen. Vermeiden Sie in dieser Übung jede Art von Touchieren mit der Gerte. Ziel ist es, dem Pferd die Chance zu geben, zwischen touchierenden und liegenden Gertenhilfen zu differenzieren.

ÜBERTRETEN

Das Übertreten ist eine lösende Übung, die einen hohen koordinativen Anspruch an das Pferd stellt und somit die direkte Vorbereitung auf die Seitengänge ist. Es lernt, sich in einer Vorwärts-Seitwärtsbewegung um Sie herumzubewegen und mit kreuzenden Hinterbeinen unter seinen Schwerpunkt zu treten. Bleiben Sie dafür zunächst etwas seitlich vor dem Pferd an einem Punkt stehen und richten Sie Ihren Blick Richtung seines Oberschenkels aus. Wenn nötig heben Sie Ihren äußeren Arm als Begrenzung für die äußere Pferdeschulter an.
Treiben Sie jetzt das innere Hinterbein unter den Schwerpunkt des Pferdes. Sie selbst bleiben dabei mit präsentem Brustbein stehen und nehmen damit den Raum vor sich ein. Um dem Pferd mehr Raum für die Vorhand zu öffnen, können Sie in dieser Übung an einem Ort stehen oder sich in kleinen Schritten zurückziehen. Damit vermeiden Sie eine zu starke Abstellung in der Halswirbelsäule und das daraus resultierende Ausbrechen der äußeren Schulter.

Hier bewegen sich Mensch und Pferd entgegen dem Uhrzeigersinn.

Beim „Übertreten“ wird das Pferd animiert, vermehrt unter seinen Schwerpunkt zu treten.

Kann Ihr Pferd diese Übung ohne Stressanzeichen in einem langsamen Schritttempo ausführen, versuchen Sie es innerhalb des Übertretens dazu zu animieren, aus dem langsamen Schritt einen Tritt anzutraben. Die Seitwärtsbewegung sollte dabei jedoch nicht verloren gehen. Erkennen Sie, dass Ihr Pferd bereits an Trab „denkt" (eine leichte federnde Bewegung der Hanken), setzen Sie die Hilfe sofort aus. Es wird Ihnen im nächsten Versuch umso motivierter einen Trabtritt anbieten, ohne davor im Schritt hektisch zu werden. Vermeiden Sie, dass Ihr Pferd einen Katzenbuckel macht, da dieser ausschließlich eine Kompensationshaltung ist, die dafür spricht, dass Sie Ihr Pferd bereits überfordern. Um seine Motivation zu halten, führen Sie diese Übung – wie auch alle anderen Übungen – ruhig und mit Bedacht aus und belohnen jede Bewegungsverbesserung mit Aussetzen der Hilfen oder dem Beenden der Übung.

QUADRATVOLTE

Eine Übungsvariante für das Übertreten ist die Quadratvolte, die im Laufe des Trainings immer mehr Ecken bekommen darf bis ein vollständiger Kreis im Übertreten

Die Quadratvolte ist eine Übungsvariante für das Übertreten und hat eine lösende Wirkung auf das Pferd.

entsteht. Dieser Bewegungsablauf dient als lösende Übung. Dabei tritt das innere Hinterbein zwischen die Spuren der Vorderbeine. Beschreiten Sie mit Ihrem Pferd ein Quadrat. Dieses sollte groß genug angelegt sein, sodass Sie zwischen dem Übertreten in den Ecken genügend Zeit haben, es wieder gerade treten zu lassen (die Stellung bleibt auch auf der Geraden erhalten). An den Ecken lassen Sie es mit der Hinterhand nach außen weichen, ohne den Bewegungsfluss der Vorderbeine zu unterbrechen. Lösende Übungen sollten das Pferd nicht ermüden. Zu häufige Wiederholungen oder auch durch lange Trab- und oder Galoppsequenzen verursachte Erschöpfung entsprechen nicht der Idee von Lösung.

SCHULTERVOR

Das Schultervor vermittelt dem Pferd eine erste Idee von Rippenbiegung, die im Schulterherein intensiviert wird. Die Arbeit auf allen gebogenen Linien wird dadurch vorbereitet.

Beim Schultervor bewegt sich das Pferd auf zweieinhalb Hufschlägen entlang der Bande.

Im Schultervor befindet sich das Pferd auf dem ersten Hufschlag. Geben Sie seiner inneren Schulter etwas mehr Raum, indem Sie sich leicht von dieser zurückziehen, d. h., sich auf dem zweiten Hufschlag leicht in die Bahn versetzt bewegen. Korrekt ausgeführt, ist das Pferd nach innen gestellt und führt das innere Vorderbein leicht nach innen zur Bahnmitte, sodass von vorne betrachtet, das innere Hinterbein sichtbar wird. Das äußere Hinterbein befindet sich auf einer Linie mit dem äußeren Vorderbein. Das innere Hinterbein tritt unter den Schwerpunkt und befindet sich optisch zwischen den Linien der Vorderbeine. Das Pferd bewegt sich dabei auf ungefähr zweieinhalb Hufschlägen (Hufspuren). Achten Sie darauf, dass das äußere Hinterbein deutlich nach vorne tritt und nicht nach außen versetzt.

SCHULTERHEREIN

Für das Schulterherein an der Bande bewegen Sie sich in derselben Position wie beim Schultervor. Führen Sie nun die Pferdeschulter etwas mehr nach innen als zuvor, indem Sie dieser mehr Raum nach innen freigeben. Das äußere Vorderbein kann so seinen Hufschlag nach innen hin verlassen. Korrekt ausgeführt, bewegt sich das Pferd geradeaus. Die Lektion verläuft entlang der Bande. In der Literatur finden Sie unterschiedliche Ausführungen zum Schulterherein: auf drei Hufschlägen, indem das Pferd in der Hinterhand geradeaus tritt oder vier Hufschlägen, wobei die Hinterhand eine Tendenz zum Kreuzen hat. Ich zeige hier das Schulterherein auf drei Hufschlägen, um die Idee der Biegung im Pferdekörper zu schulen. Weniger ist in diesem Fall mehr. Wenn Sie den inneren Arm mit der Gerte heben, sollte das Pferd bei einem gleichzeitigen körperlichen Rückzug Ihrerseits auf Sie zulaufen und nicht zur Seite ausweichen. Sonst wird es seitlich von Ihnen „wegdriften“,

Im Schulterherein bewegt sich das Pferd auf drei Hufschlägen. Achten Sie darauf, dass die Zehen der Hinterhufe in der Lektion nach vorne zeigen.

während Sie sich ungewollt rückwärts von Ihm entfernen. Zusätzlich sollte ein Korrigieren der Pferdeschulter, ob es eine wegtreibende oder heranziehende Hilfe ist, keinen Einfluss auf die Richtung der Stellung der Halswirbelsäule haben.

Der Fokus liegt immer auf der äußeren Rahmung, die in der Freiarbeit entweder durch das Raumöffnen nach innen angesprochen werden kann oder durch ein vermehrtes Vorwärtstreten. Findet eine Verständniskorrektur über die Gerte, zum Beispiel auf Höhe des Widerrists statt, sollte diese unmittelbar wieder ausgesetzt werden. Die Gefahr ist sonst, dass das Pferd die Lektion nur auf die Korrekturhilfe ausführen kann und keine Verknüfung mehr mit der ursprünglichen Geste, die die Lektion einleiten sollte, besteht. Eine Verständniskorrektur mit der Gerte wird ausschließlich zeigend oder mit einer sanften Berührung des Körperteils ausgeführt und findet entweder direkt auf der äußeren Seite des Pferdes an der Schulter oder mit der angehobenen Gerte auf der inneren Seite auf Höhe des Widerrists statt. Voraussetzung dafür ist, dass das Pferd bereits gelernt hat, mit der gewünschten Antwort zu reagieren.

SEPARIEREN VON VOR- UND HINTERHAND

Um das Pferd an eine Aufstiegshilfe seitwärts herantreten zu lassen oder die Möglichkeit zu öffnen, komplexere Bewegungsabläufe am Boden zu kreieren, vermittle ich dem Pferd, auf eine bestimmte Hilfe einzelne Körperteile nicht nur von mir weichen zu lassen, sondern auch auf mich zuzuführen.

HINTERHAND

Um das Pferd einen Schritt in der Hinterhand weichen zu lassen, positionieren Sie sich neben seinem Kopf und blicken Richtung Hinterhand. Bewegen Sie Ihren Blick und Körper jetzt in Richtung Hinterhand und geben Sie dem Kopf des Pferdes etwas Raum, in den es gedanklich und mit seinem Blick streben kann. Es wird mit der Hinterhand von Ihnen weg weichen und Sie weiter fokussieren wollen. Falls Ihr Pferd von Ihnen gedanklich „wegdriftet", rahmen Sie es wenn nötig, mit einer äußeren Hilfe ein (angehobener Arm).

Um die Hinterhand wieder zu Ihnen zurückzuführen, richten Sie sich deutlich auf und bewegen Ihr Brustbein leicht nach hinten. Damit öffnen Sie der Hinterhand mehr Raum, um auf Sie zuzukommen. Als unterstützende Hilfe können Sie die Gerte auf die gegenüberliegende Seite legen und dort wenn nötig sanft touchieren, bis das

Fokussieren Sie sich auf die Hinterhand des Pferdes, um diese von sich wegweichen zu lassen.

Um die Hinterhand auf Sie zutreten zu lassen, setzen Sie Ihren Blick oberhalb der Kruppe und heben dazu, wenn nötig, Ihre Gerte an. Bleiben Sie in dieser Übung besonders ruhig und geduldig, um das Pferd nicht in ein zu hohes Stresslevel zu bringen.

Pferd einen zufälligen Schritt in Ihre Richtung wagt. Setzen Sie sofort Ihre Hilfe aus und loben Sie bei jedem Schritt in die gewünschte Richtung. Erst wenn dieser Ablauf mehrere Male an der Bande geglückt ist, versuchen Sie es in der Mitte des Raumes. Scheuen Sie sich nicht, bei Verständnisproblemen immer wieder zurück zur Bande zu gehen.

VORHAND

Den gleichen Ablauf können Sie mit dem Weichen und Heranziehen der Vorhand ausführen. Geben Sie nur dem Körperteil mehr Raum, welcher auch auf Sie zukommen soll und begrenzen Sie (räumlich) den Part, der sich nicht bewegen soll. Das Verschieben der Vorhand auf Sie zu kann z. B. die Möglichkeit zur Hilfestellung bieten, wenn sich das Pferd überstellt. In diesem Fall können Sie die Schulter von außen ansprechen und so eine äußere begrenzende Hilfe schaffen, mit der sich das Pferd wieder gerade richten kann. Auch können Sie diese Hilfe nutzen, wenn die Schulter in der Traversale nicht genügend führt und sie

Lassen Sie die Vorhand des Pferdes weichen, indem Sie den größeren Kreis beschreiben und sich auf die Schulter des Pferdes fokussieren.

Ziehen Sie sich auf derselben Linie wieder zurück und geben der Schulter des Pferdes somit Raum frei, um auf Sie zutreten zu können.

vermehrt in Bewegungsrichtung lenken. Durch diese Art, die genannten Hilfen zu erarbeiten, gewöhnt sich das Pferd schnell daran, dass Hilfen, die oberhalb des Rückens angezeigt werden, Bewegungen auf den Menschen zu bedeuten und Hilfen, die unterhalb der Rückenlinie gegeben werden, zum vom Menschen Wegweichen animieren. Achten Sie darauf, dass das Ansprechen der einzelnen Körperteile klar separat voneinander funktioniert, damit Missverständnisse in der weiterführenden Arbeit gar nicht erst entstehen.

RENVERS

Um Traversbewegungen zu etablieren, beginne ich zunächst mit dem Renvers. Die Bande hilft dem Pferd und Ihnen, indem sie die Aufgabe für Sie übernimmt, räumlich zu begrenzen. So kann erst der Bewegungsablauf erarbeitet werden, bevor Sie sich ohne Hilfe der Bande mit dem traversierenden Pferd im Raum bewegen. Starten Sie auf dem zweiten Hufschlag in Konterstellung (für Sie und Ihr Pferd bedeutet das zu diesem Zeitpunkt noch „Innenstellung“, da Sie sich in diesem Moment auf der inneren Seite des Pferdes befinden). Sie bewegen sich also mit Blickrichtung zum Pferd auf dem ersten Hufschlag und Ihr Pferd auf dem zweiten. Hält es konzentriert selbstständig die Stellung, heben Sie Ihren inneren Arm mit der Gerte und holen das äußere Hinterbein zu sich heran. Ist es Ihnen möglich, seinen Blick zu sich zu holen (siehe Seite 152 „Den Blick fangen“), können Sie zusätzlich Ihre Hand so positionieren, als hätten Sie es am Kappzaum. Damit haben Sie die Möglichkeit, es auf eine korrekte Stellung und Gedankenrichtung hinzuweisen.

Beginnen Sie die Übung, indem Sie auf dem ersten Hufschlag gehen und das Pferd leicht zu Ihnen „gestellt“ auf dem zweiten.

Erst dann geben Sie die Hilfe, um die Kruppe zu sich „heranzuziehen“. Das Pferd bewegt sich im Renvers auf drei Hufschlägen.

Beginnen Sie auch auf dem Zirkel mit einem nach innen „gestellten“ Pferd und holen Sie im zweiten Schritt die Kruppe zu sich heran.

Die Kruppe des Pferdes befindet sich jetzt auf dem Hufschlag, auf dem auch Sie sich bewegen. Hat es den Bewegungsablauf verstanden, ist es nicht mehr notwendig, die Gerte auf die gegenüberliegende Seite zu führen. Das ausschließliche Anheben der Gerte und Ihre Aus- und Bewegungsrichtung werden das Pferd verstehen lassen. Achten Sie darauf, dass die Vorhand auf dem zweiten Hufschlag bleibt. Um in Balance zu bleiben, ist eine leichte Abstellung der Kruppe ausreichend.
Auf der Geraden unterscheidet sich die Lektion Renvers nicht von dem beschriebenen Bewegungsablauf des Pferdes in der Lektion Travers. Wird das Renvers auf der Zirkellinie ausgeführt, trägt es zur Verbesserung der Koordination bei und nimmt einen positiven Einfluss auf seine Biegebereitschaft.

TRAVERS

Hat Ihr Pferd das Traversieren z. B. in der Position des Renvers entlang der Geraden an der Bande verstanden, können Sie jetzt die Positionen umdrehen und es auf dem ersten Hufschlag im Travers gehen lassen. Dafür befinden Sie selbst sich auf dem zweiten Hufschlag, auf den Sie wiederum die Kruppe zu sich heranholen.
Ist das Heranholen der Kruppe verstanden, ohne dabei die Stellung in Bewegungsrichtung aufzuheben, lösen Sie sich für die nächste Übung von der Bande. Um die Lektion Travers auf dem Zirkel auszuführen, bringen Sie Ihr Pferd auf der Zirkellinie in Stellung. Führen Sie dann die Kruppe herein, indem Sie Ihren Bauchnabel diagonal vom Pferd wegbewegen. Wenn nötig,

Travers auf der Zirkellinie: wird der Zirkel mit einem traversierenden Pferd stetig verkleinert, entsteht am Ende eine Pirouette.

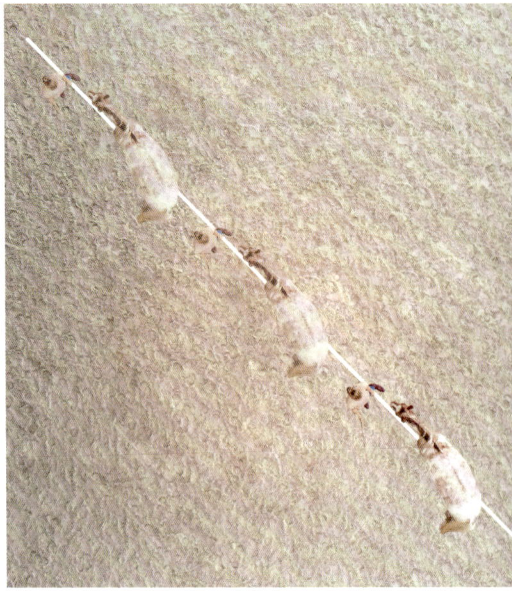

In der Traversalen ist das Pferd in Bewegungsrichtung gebogen. Dabei führt die Schulter des Pferdes die Bewegung an.

nutzen Sie Ihre Gertenhilfe, um das äußere Hinterbein zu animieren, unter den Schwerpunkt zu treten. Jetzt ist es möglich, den Zirkel weiter zu verkleinern bis hin zur Pirouette.

Haben Sie bereits angefangen, Ihr Pferd mit zwei Zügeln am Boden in den Seitengängen zu schulen (z. B. auf Trense gezäumt), werden Sie sich wahrscheinlich bei den Seitengängen Renvers und Travers auf der anderen Seite des Pferdes positioniert haben, als hier in der Übung beschrieben. In der Freiarbeit ist es zu Beginn verständlicher für das Pferd, wenn Sie sich weiterhin auf der Seite aufhalten, zu der es den Blick wendet und gestellt ist. Da in der Freiarbeit mechanische Hilfen wegfallen, die in der Arbeit mit zwei Zügeln in Konterstellung gegeben werden können, ist die Position innen zu Beginn logischer für Pferd und Mensch. Das Pferd kann uns so durchgängig beobachten.

Wechseln Sie in einem fortgeschrittenen Übungsstadium für die Lektionen immer wieder einmal Ihre Position (innere oder äußere Seite am Pferd), wird Ihr Pferd schnell verstehen, dass die Seitengänge eine bestimmte Position des eigenen Körpers sind und nicht abhängig von der Seite, auf der Sie sich befinden.

TRAVERSALE

Traversiert das Pferd auf einer Diagonalen, spricht man von einer Traversalen. In dieser leitet seine Schulter die Bewegung ein und führt diese über den gesamten Bewegungsablauf an. Es ist dabei in Bewegungsrichtung gebogen. Die Vorhand kann sich so mit der Kraft aus der Hinterhand heben. Für die räumliche Vorstellung bewegen Sie sich auf verschiedenen Diagonalen (größere und kleinere Winkel) im Raum, die Sie jeweils beginnen, nachdem Sie Ihr Pferd entlang der Bande ein paar Schritte Schulterherein ausführen lassen haben. Die Schulter des Pferdes ist dann schon in der Position in Richtung der Diagonalen, auf die Sie Ihren

Weg für die Traversale einschlagen können. Stellen Sie sich jetzt vor, Sie würden entlang einer imaginären Geraden traversieren. So haben Sie immer eine führende Pferdeschulter und die Bewegungsrichtung wird deutlich. Achten Sie dabei darauf, dass das Pferd in Bewegungsrichtung gebogen ist und dass das äußere Hinterbein nicht sein Vorwärts in der Bewegung verliert.

Alle Seitengänge, auch die hier ausgelassenen Konterlektionen wie Konterschulterherein und das Renvers auf der Zirkellinie, sind natürlich auch „frei" möglich. Beherrschen Sie und Ihr Pferd alle Seitengänge, lösen Sie sich von den vorgegebenen Richtungen und werden Sie kreativ in der Bewegungsrichtung Ihrer Seitengänge.

WENN SICH DAS PFERD ENTFERNT

Was mache ich, wenn mein Pferd sich von mir entfernt hat? Denken Sie zuerst darüber nach, warum Ihr Pferd sich entfernen wollte. War die Übung körperlich zu anstrengend oder haben Sie es in seiner Denkleistung überfordert? Waren Sie nicht konkret? Haben Sie es unbeabsichtigt weggetrieben? Wie viele Anzeichen gab es eigentlich schon, bevor Ihr Pferd sich entfernt hat? Die Antworten auf diese Fragen beeinflussen die Art und Weise Ihres Handelns, sobald Ihr Pferd wieder bei Ihnen ist. Damit es Ihren Gedankenplan, eine bestimmte Übung mit ihm zu machen, nicht in die Übung „Gehen und Kommen" verändert, ist es wichtig, dass Sie

Die Geste der ausgebreiteten Arme mit gleichzeitigem Rückzug, lädt hier das Pferd ein, wieder zurückzukommen.

es durch eine Geste wieder heranholen können (siehe Seite 35 „Lernvorgänge verstehen"). Begeben Sie sich direkt nach dem Heranholen wieder in die Übung, in der Sie unterbrochen wurden und loben „in" der Übung. Beenden Sie die Übung so schnell es geht und lassen das Pferd neben Ihnen ruhen. Dadurch wird es verstehen, dass es sich lohnt in der Übung zu bleiben, auch wenn es versehentlich einmal etwas unkonkret oder anstrengend wird. Wenn Sie Ihrem Pferd Stress verursachen, wenn es wegrennt, wird es ausschließlich aus Beweggründen der Angst zu Ihnen zurückkommen. Üben Sie das „Kommen" noch einmal separat, wenn es noch nicht abrufbar ist. Es wäre schade, wenn Sie Ihre Arbeit jedes Mal mit einem aufwendigen Zurückholen unterbrechen müssten.

ÜBUNGEN AUF DISTANZ

Sind Sie und Ihr Pferd soweit, dass Sie gemeinsam komplexe Bewegungsabläufe ausführen können, versuchen Sie als nächsten Schritt nach und nach in jeder Übung mehr räumliche Distanz zum Pferd aufzubauen. Entfernen Sie sich von Woche zu Woche immer ein paar Zentimeter weiter. Sie werden sehen, irgendwann können Sie ihm aus der Distanz Hilfen geben und ihm damit mehr Bewegungsraum schaffen. Jeder Körperteil sollte auch aus der Entfernung „ansteuerbar" bleiben. Das wird besonders wichtig, wenn das Pferd sich auf einer Kreislinie bewegt. Achten Sie darauf, Bewegungsabläufe, die noch nicht ganz korrekt abgerufen werden können, nicht zu häufig zu wiederholen und auszuführen.

01

Gerade auf der Kreislinie wird es sonst auf Dauer körperlichen Schaden nehmen.

Hat Ihr Pferd durch die vorangegangenen Übungen gelernt, gebogen auf einer Kreislinie gehen zu können, ist es jetzt möglich, den gleichen Bewegungsablauf auf Distanz zu erarbeiten. Um seinen Bewegungsapparat nicht unnötig zu belasten, bewegen Sie sich auf großen gebogenen Linien. Hierzu müssen Sie sich im Raum mitbewegen, um die Verbindung zum Pferd nicht zu verlieren und stetig den gleichen Abstand zu halten. Um große gebogene Linien gehen zu können, ist der Weg im Raum, den Sie mit dem Pferd zurücklegen, entscheidend. Welche Distanz Sie dabei zu ihm haben, ist nicht wichtig. Der Abstand, der in der fortgeschrittenen Ausbildung entstehen kann, ist lediglich bequemer für Sie, da Sie nicht mehr die gleiche Strecke zurücklegen müssen wie Ihr Pferd.
Ist es in der freien Arbeit so weit geschult, dass es die Hilfen der Körpersprache für Stellung und Biegung umsetzen kann, wird auch ein freies Longieren möglich. Es wird auch auf Distanz ansprechbar bleiben und Sie werden Einfluss auf den Bewegungsablauf und die Bewegungsqualität aus der Entfernung haben.

Korrektes Gehen auf einer Kreislinie erfordert eine korrekte Biegung durch den Pferdekörper. Ist diese nicht gegeben, wird der Bewegungsapparat stark belastet und nimmt je nach Dauer und Regelmäßigkeit des Longierens langsam aber stetig Schaden. Deswegen ist es für die Erarbeitung wichtig, das richtige Maß von Beanspruchungs- und Erholungsphasen zu finden.

DISTANZ SCHAFFEN

Die Bewegung, die Sie in den vorangegangenen Übungen vor dem Pferd ausgeführt haben, indem Sie rückwärtsgegangen sind, um so Raum zu geben, ist die Basis für die Ausführung der gleichen Übungen auf Distanz. In den Seitengängen und auch im Übertreten verändern sich die Position und auch die Ausrichtung in der Distanz nicht. Auch die weiteren Hilfen bleiben dieselben.
Sie haben zwei Möglichkeiten räumliche Distanz aufzubauen: Entweder starten Sie die Übung von Anfang an auf Distanz oder aber Sie verschaffen sich nach und nach in der Bewegung mehr Raum zwischen sich und Ihrem Pferd, indem Sie durch eine sanfte Geste Richtung Pferdekörper den Anspruch auf Ihren eigenen Raum vergrößern.

02

01 – 02
Auf Distanz ansprechbar bleiben …

SERVICE

ZUM WEITERLESEN UND WEITERKLICKEN

ZUM WEITERLESEN

Sachser, Norbert: **Der Mensch im Tier.** Warum Tiere uns im Denken, Fühlen und Verhalten oft so ähnlich sind; rororo Rowohlt 2021
Sie denken, fühlen, handeln, sind ängstlich oder mutig, lernen, lügen, leiden: Tiere haben eine Persönlichkeit. Was unterscheidet den Menschen eigentlich noch von den anderen Säugetieren? Norbert Sachser, einer der weltweit führenden Tierverhaltensforscher, beschreibt und erklärt eine „Revolution im Tierbild".

Zeitler-Feicht, Margit H.: **Handbuch Pferdeverhalten.** Ursache, Therapie und Prophylaxe von Problemverhalten; 3. überarbeitete Auflage. Ulmer 2015
Zeigen Pferde eine „Macke", dann hat das häufig ernstzunehmende Hintergründe. Zeidler-Feicht beantwortet auf der Basis neuester wissenschaftlicher Forschungsbefunde sowie langjähriger Praxiserfahrung Fragen zu Haltungs- und Umgangsfehlern, Pferdeverhalten bis hin zu Ursachen von Problemverhalten und pferdegerechten Behandlungsmöglichkeiten.

Beran, Anja: **Aus Respekt!** Reiten zum Wohle des Pferdes; Kosmos 2017
Dieses universelle Standardwerk lässt keine Wünsche offen.
Es enthält unverzichtbares Basiswissen, angefangen vom mentalen und körperlichen Rüstzeug bis hin zur pferdegerechten Ausbildung für jedes Niveau. Detaillierte Zeichnungen und Erklärungen geben eine konkrete Anleitung, wie selbst schwierige Lektionen gelingen.

Nestor, James: **Breath – Atem.** Neues Wissen über die vergessene Kunst des Atmens; Piper 2020
Nichts ist wichtiger für unsere Gesundheit und unser Wohlbefinden als der Atem. Doch viele haben verlernt, wie man richtig atmet. James Nestor nimmt uns in seinem internationalen Bestseller mit auf eine faszinierende Abenteuerreise in alle Welt, um herauszufinden, wie wir lernen, wieder richtig zu atmen und gesünder zu leben.

Lauper, Renate/ Larsen, Christian: **Spiraldynamik.** Achtsame Körperhaltung. Liegen, sitzen, stehen, gehen – Die besten Übungen für ein neues Körperbewusstsein; Via Nova 2015
Ein neues Lebensgefühl kann in uns geweckt werden, wenn wir unser Körperbewusstsein im Alltag kultivieren. Lauper und Larsen zeigen uns durch ein aufeinander abgestimmtes Übungsprogramm einen konkreten und anatomisch sinnvollen Weg auf, wie wir uns körperlich verändern und aufrichten können.

Niebauer, Chris: **Kein Ich, kein Problem.** Was Buddha schon wusste und die Neuropsychologie heute bestätigt; VAK 2021
Dieses Buch setzt sich mit aussagekräftigen Belegen dafür auseinander, dass die von unserer westlichen Kultur geprägte Vorstellung vom Ich lediglich ein Konstrukt unseres Denkens ist und kein physisches Etwas, das sich irgendwo im Gehirn befindet. Mit praktischen Übungen und Gedankenexperimenten hilft Niebauer uns, den Strategien unseres Ichs auf die Schliche zu kommen.

ZUM WEITERKLICKEN

Besuchen Sie Marie Heger online und erfahren mehr über ihre Arbeit und ihr Leben mit den Pferden.
Hier finden Sie auch ihre Lehrfilme, ihr Beratungs- und Trainingsangebot sowie ihr aktuelles Kursprogramm mit der Möglichkeit zur Kontaktaufnahme für Kursbuchungen auf Ihrer Anlage.

Immer im Blick ...
gesunderhaltendes Training von Körper und Psyche – für Mensch und Pferd

www.marie-heger.com

@hegermarie

Marie Heger – HORSE LIFE

REGISTER

BILDNACHWEIS

156 Farbfotos wurden von Cora M. Jennissen für dieses Buch aufgenommen.

Weitere Bilder sind von e2grafikwerkstatt auf Pixabay (S. 89), Sunny van Nieuwkerk (S. 14 oben und unten), Shutterstock (S. 86: acceptphoto_24; S. 87: pixinoo; S. 90/91: Bucchi Francesco), Kathy Tellechea (S. 16/17 und 72/73) und tibozuccari auf Pixabay (S. 134).

Danke! Mein größter Dank geht an Edith Heger. Danke für deine Zeit und Unterstützung.

IMPRESSUM

Umschlaggestaltung von Isabelle Fischer, GRAMISCI Editorialdesign, unter Verwendung zweier Farbfotos von Cora M. Jennissen.

Mit 165 Farbfotos.

Gedruckt auf chlorfrei gebleichtem Papier

ISBN 978-3-440-17347-3
Redaktion: Katja Pauls
Gestaltung und Satz: Atelier Krohmer, Dettingen/Erms
Produktion: Claudia Frank
Druck und Bindung: Westermann Druck Zwickau GmbH, Zwickau
Printed in Germany / Imprimé en Allemagne

FSC
www.fsc.org
MIX
Papier aus verantwortungsvollen Quellen
FSC® C022125